哈佛醫學系教授
根來秀行 醫師——著
卡大——譯

哈佛醫師的荷爾蒙抗老法則

新裝版

搞懂內分泌，掌握時間醫學！

ホ ル モ ン を 活 か せ ば 、
一 生 老 化 し な い

世茂出版

前言

突然一下子老了十歲？

為什麼渾身懶洋洋？

為何變得容易生病？

直接告訴你結論吧。原因就是荷爾蒙。

荷爾蒙是一種日夜不停在我們全身循環運作的化學物質。以醫學術語來說，經過特定器官的合成與分泌，隨著體液或血液進入身體循環，到各器官發揮效果的物質，稱為荷爾蒙，又稱為激素。

人體的荷爾蒙有超過一百種。

腦部的松果體（pineal gland）會分泌褪黑激素（melatonin），甲狀腺有甲狀腺素，胰臟則是胰島素，腎上腺則是腎上腺皮質荷爾蒙，男性的睪丸有睪固酮（testosterone），女性的卵巢則有雌激素（estrogen）等等，人體各種荷爾蒙不勝枚舉。

這麼多荷爾蒙，你只要記得，荷爾蒙在我們的身體全身日夜產生和循環，具有幫助身體順利運作的輔助功能。

人體的各種荷爾蒙，會維持我們身體的健康運作，可是過了二十歲，這些荷爾蒙的功能，就會隨著年齡增加而降低。當荷爾蒙的作用降低到必需程度以下，或是分泌失去平衡，人體會加速老化，變得更容易罹患疾病。

控制人體的運作，有兩個龐大的系統。

一個系統是受到注目的「自律神經系統」，另一個就是荷爾蒙所屬的「內分泌系統」。

自律神經的作用，包括維持心臟跳動、調節呼吸、調節體溫、流汗、消化食物等，平常在我們無意識的狀態下，進行各種維持生命的作用。

我們並不是想到「好像應該呼吸」，才努力吸氣吐氣。也不是想到「今天好冷喔」，才簌簌地發抖。這些動作全都是透過自律神經的運作，由身體自動執行。

自律神經分為交感神經與副交感神經。

讓身體維持緊張狀態的是交感神經，而副交感神經則緩和緊張狀態。所以交感神經又被稱為「加油器」，副交感神經則是「煞車器」。一個會使我們的身體加速行進，另一個則減速行進。

另一方面，我們的身體有與生俱來的生理時鐘。由於地球繞太陽自轉，一天的週期是24小時，日升日落，為了適應這種每天的自然現象，人體便產生一種自然的節奏，也就是生理時鐘。

控制人體生理時鐘的，是全身約60兆個細胞的生理時鐘基因。依照生理時鐘的時間表，造成白天是交感神經產生作用，夜晚則是副交感神經產生作用。

如果過著日夜顛倒的生活，久而久之就會造成生理時鐘混亂，使交感和副交感神經失去平衡，導致自律神經系統失常。

荷爾蒙的內分泌系統，有一部分的作用時間，與自律神經系統一樣，雖然不是百分之百，但有些也會依照生理時鐘的時間表而進行。

根據生理時鐘，白天的時候，人體分泌的荷爾蒙，會讓各種生理活動積極進行，經過這些大量活動，身體會變得疲倦，因此到了晚上，荷爾蒙則是進行修補損傷細胞的作用。

如果生理時鐘混亂，造成荷爾蒙所負責的工作無法順利完成，身體不僅無法發揮原本的能力，也無法獲得充分的保養，造成健康受到損害。

因此，我要告訴各位讀者一件很重要的事。

「想要得到抗老化的效果，必須營造一個適當的環境，讓荷爾蒙可以在夜晚發揮作用」。

為何夜晚對於荷爾蒙的運作如此重要呢？

在睡眠時期，我們的身體會努力進行維修保養工作，這時候也可以說身體變成「人體維修工廠」。為了讓工廠能有效率地運作，首先要能迅速提供工廠所需的工具；再者，提供了工具，還必須讓工廠有運作的時間。

晚上，人體維修所使用的工具就是荷爾蒙，供應工具的途徑是血管，而工廠開工的運作時間，就是我們的睡眠期間。

因此，根據生理時鐘的時間表，睡眠時期，維修全身細胞的荷爾蒙會增加。

另外，由於晚上副交感神經產生優勢作用，微血管擴張，流著含有維修必要工具——荷爾蒙的血液，形成供應途徑，到達需求的器官組織。有了工具與供應途徑，更重要的是，必須確保充分運作的時間，也就是睡眠時期。

獲得工具、供應途徑、運作時間，三要素合為一體，人體維修才能順利進行。睡眠就是提供晚上荷爾蒙的工作環境。

這是抗老化能夠得到效果的基礎。

美國在一九九二年成立美國抗老醫學會，日本則是在二〇〇一年成立日本抗老醫學會。（編按：台灣抗衰老再生醫學會成立於二〇〇八年。）

現在，世界各地紛紛發表了對長壽基因或生理時鐘基因、端粒（telomere編註：位於染色體末端的保護構造。隨著細胞分裂會越來越短，由於與老化有關，又被稱為壽命的回數票）等等，提出與年齡增長、老化有關的各種發現。

當然，抗老醫學領域是一門新學問，醫學家、科學家、研究人員的期待自然也高。由於預防醫學是未來醫學的主流，我們不難想像抗老化相關的許多研究將延伸到醫學的各領域。

其中，毫無疑問地，有關荷爾蒙的研究，是率領抗老化醫學研究潮流的一股主流。

荷爾蒙支持身體所有的生命活動。

腦部下視丘收集資訊，發出具體指示給腦下垂體，腦下垂體製造荷爾蒙，下達命令給各個內分泌器官。

下視丘是人體的總司令部，不分日夜地調整荷爾蒙的分泌量，經血液循環運送到身體各處。只要我們活著，荷爾蒙就會運作，令人驚異。

前面提到的自律神經系統，會與荷爾蒙的內分泌系統一起作用，使身體的基礎代謝，進行正常活動。透過荷爾蒙的正常分泌，維持健康，同時也維持自律神經系統的平衡。這正是兩個系統「一體關係、互為表裡」。

我們的全身有血管分布，自律神經與荷爾蒙對人體的控制，就是透過這些血管而發揮力量。

本書除了可以讓讀者學習到關於荷爾蒙的醫學新發現、新研究，更能學習到如何應用這些最新的研究成果，以求將荷爾蒙的功用發揮到極致，改善生活，減緩老化速度，不生病。這本書是運用荷爾蒙 Know-how 的最新嘗試。

我希望在本書中，提出能讓人人健康快樂的荷爾蒙運用方法，不僅方法簡單，還能了解老化的機制，得到重返青春的秘訣，認識疾病與荷爾蒙的關係、慾望與荷爾蒙的關係，男性荷爾蒙與女性荷爾蒙，掌握荷爾蒙運用方法，養成生活好習慣，將荷爾蒙的力量發揮到最大，這些關鍵字可以消除每個人的健康問題。

本書目的在於讓讀者認識內分泌與荷爾蒙，將這些知識轉化為日常生活的實際運用，所以並非著重在醫學性的說明，而是希望能將深奧的知識，傳遞給想要深入理解的大眾。

每個人都有荷爾蒙。有些人雖然年紀很大，看起來卻年輕有活力，有些年輕人卻看起來很蒼老。如何使人體的荷爾蒙發揮作用，往往是造成這些差異的最大關鍵。

敬邀各位讀者，掌握最新時間醫學，一起來抗老化。

根來秀行

目錄

第1章 活化荷爾蒙，抵抗老化

第2章 調節荷爾蒙，由內而外活化身體

幸福荷爾蒙、女性荷爾蒙、抗老荷爾蒙

第3章 養成好習慣，發揮荷爾蒙極致力量

▼運動篇・180

第4章 抗老化生活實踐，荷爾蒙問題總整理

第1章

活化荷爾蒙，抵抗老化

荷爾蒙是否正常作用，會造成我們健康與外貌完全翻轉的變化。

荷爾蒙決定你的年輕健康

本書開宗明義表示，荷爾蒙在我們的身體各處日夜產生和循環，具有幫助身體各功能順利運作的輔助功能。

相信有許多人會想「荷爾蒙到底有什麼作用呢？」

說得太深入，反而會變得太複雜，不容易理解，所以請先記得這件事：「荷爾蒙是調整人體運作的物質」。這樣的一句話雖然簡單，不過實際上卻已點出重點。

我們的身體是由超過六十兆個細胞所組成。假如這些細胞沒有一致的活動，各行其道，維持人體的恆定性會有困難。荷爾蒙的功能除了在於維持細胞原有的不同作用，並可調節細胞運作速度，以發揮正常生理作用。

荷爾蒙與自律神經一起作用，調節我們六十兆細胞所組成的身體，與自律神經一起為控制人體的兩大機制之一，在不知不覺中，進行活動身體、保養維修、維持人體環境恆定性等作用，同時也適應外部環境，調整精神壓力、外傷、感染等人體免疫防禦反應。

此外，荷爾蒙也負責能量代謝、身體發育、進行生殖作用等，具有不可或缺的重要功能。

相較於自律神經系統的迅速反應，荷爾蒙的特徵則是緩慢而持續。

有關自律神經系統的討論，話題一向熱烈。相較之下，荷爾蒙主題一般以女性的關心程度比較高，男性認知程度比較低。這可能是因為荷爾蒙的種類太多太複雜，對於一般人來說比較難以掌握。

荷爾蒙與自律神經兩個系統，是人體的「兩大調節機制」，但依照作用和機制，荷爾蒙的重要性比自律神經要高。

原因在於，荷爾蒙這種具有生理作用的物質，在人體的存在情形，是否正常作用等等，對於我們的日常生活、健康狀態，還有老化程度，甚至會造成一百八十度截然不同的變化。

本書將以前所未有的觀點，與每個人的日常生活連結，帶領各位讀者深入荷爾蒙的世界。

抗老化荷爾蒙

荷爾蒙力量在睡眠時期重生

我們的身體隨時會產生許多的荷爾蒙。

首先，我想從這許多的荷爾蒙裡，先介紹和我們身體每天變化有密切關係的兩種荷爾蒙：「生長激素」與「褪黑激素」。

生長激素與褪黑激素這兩種荷爾蒙，是最著名的兩種抗老化荷爾蒙，主要在睡眠時期發生作用。

《格林童話》故事中，鞋匠晚上睡覺的時候，小矮人會出來幫鞋匠做鞋子。夜晚是副交感神經產生優勢作用的時候，進行修補身體，使其新生的作用。

生長激素正如其名，是促進身體生長的荷爾蒙。生長激素就好像童話中的小矮人。

生長激素在睡眠時期大量分泌，作用是使骨骼增粗、增加肌肉、拉長身高。所謂「一暝大一寸」，就是生長激素的作用。

那麼，對我們這些已經長大的成人來說，是否就可以不理會生長激素的作用？錯。就算是發育完畢的成人，生長激素也具有很重要的作用。

我們的身體把睡眠時間視為重要的「重生」時間。

身體在睡眠時期會轉而成為「人體維修工廠」。

例如，皮膚的基底層會產生新的表皮細胞，來取代老舊的表皮細胞，老舊的表皮細胞會被新細胞往外推，推到表面形成角質層，角質層最後脫落，變成體垢。整個循環過程約需四週二十八天。

這是一個新陳代謝的循環過程，人體進行新陳代謝最旺盛的時間，就是睡眠時間。而協助睡眠期的新陳代謝，就是生長激素的作用。

「美麗的皮膚來自良好睡眠」。

最新的醫學研究結果也證實這個說法是正確的。

其實我們的骨骼經過五年也會完成一個新陳代謝的循環，替換為新組織，稱為

「骨骼代謝」。**成人的強健骨骼，也來自良好睡眠。**

提高免疫力，去除自由基

褪黑激素擊退自由基！

免疫作用也會在睡眠時期進行，主要是將異物（病毒或細菌、身體產生的癌症細胞等）擊退，這時主要參與的荷爾蒙，就是生長激素和褪黑激素。

褪黑激素具有許多作用，但其中最重要的任務，就是給予我們良好的睡眠，所以褪黑激素又可稱為睡眠荷爾蒙。

例如，當我們一整天身體都不舒服，早早上床，但一覺起床舒服多了；半夜持續高燒，到早上就退燒，這些雖然是免疫力提升擊退病毒的結果，不過，褪黑激素也有參與提高免疫力的作用。

褪黑激素也是人體中去除「自由基」的重要荷爾蒙。

自由基可以說是一種會讓身體「生鏽」的物質。

自由基是人體細胞產生能量的副產物，皮膚產生黑斑或雀斑，也是自由基的一個影響。

自由基是人體代謝作用的自然產物，但麻煩的是，當我們壓力變大，自由基也會變得越來越多。

自由基增加，為何會造成問題呢？

原因在於，自由基是老化等許多疾病的主因。

困擾人類的許多疾病，原因都與自由基有關。

自由基與癌症、心肌梗塞、糖尿病、高血壓、腦中風、腎臟衰竭、胃潰瘍等許多疾病相關，這些疾病的天敵，正是屬於荷爾蒙的褪黑激素。

一旦褪黑激素發現自由基的存在，馬上會跑去與自由基結合，使自由基失去功能。由於自由基是造成老化最主要的原因，褪黑激素可以減少自由基的傷害，因此想要擊退自由基，換句話說，必須有充足的睡眠，才能讓褪黑激素發揮作用。

此外，褪黑激素還具有安定精神的作用。

平常我們都比較注重飲食和運動，但如果不重視睡眠，只會造成生長激素和褪黑激素這兩種抗老化荷爾蒙的功能降低，連帶也無法獲得精神上的安寧。

關於這一部份，會在後面的章節繼續解釋。

生長激素與褪黑激素，兩者都是非常重要的荷爾蒙，接下來各位讀者將會在本書中經常看見這兩個專有名詞。

養成退好生活習慣，
荷爾蒙作用最大化！
日常注意事項。

荷爾蒙五大特性

讀到這裡，相信各位讀者已經能想像荷爾蒙的「神奇力量」！

本節將繼續對荷爾蒙作更詳細的說明。

荷爾蒙具有五大特性，第一大特性是內分泌性。

汗水、唾液、胃液等，是透過人體導管分泌到消化道的外分泌性物質；而荷爾蒙不經過任何導管，由各器官直接分泌，稱為內分泌性物質。

第二大特性，荷爾蒙的傳播，是經由體液，也就是透過血液等分配到人體各部位。

荷爾蒙當然會對分泌部位周圍產生作用，或是直接在分泌部位發揮作用，但基本上，人體分泌荷爾蒙，會隨著血液運輸到目標部位，才發揮作用。

荷爾蒙的第三大特性，是在我們人體有接受荷爾蒙的開關，也就是受體（receptor）。

荷爾蒙具有內分泌性，經由血液運送到人體各部位，基本上不會在錯誤的部位產生作用。原因就是接收的器官組織等處具有受體，受體會抓取隨著血液送來的特定荷爾蒙。

荷爾蒙的第四大特性，是控制標的細胞（目標細胞）的基因運作。

標的細胞，是指具有受體，能捕捉荷爾蒙並作用。荷爾蒙的這個特性，會傳遞訊息給標的細胞，以調整標的細胞基因。

荷爾蒙的第五大特性則是自我分泌性。這種荷爾蒙較少，會直接作用在產生荷爾蒙的人體部位，或是作用在產生部位的周圍細胞，使生理作用進行。

根據荷爾蒙的這五大特性，我們的身體會自然傾向於形成某些生活習慣，以將荷爾蒙的作用發揮到最大程度。各個荷爾蒙的作用型式，當然會因荷爾蒙的不同而有所差異，不過我們可**先將所有荷爾蒙集合起來，視為一種大型身體調節機構，因此為了發揮**

荷爾蒙的最佳整體力量，我們可以預測最佳的生活型態是什麼。

這種生活型態，是一種不容易生病，常保青春活力的最佳生活型態。正常的健康者，具備著適當調節荷爾蒙分泌量的機制（回饋機制）。

在人體的所有荷爾蒙裡面，對於我們可以主動調節的荷爾蒙，本書會特別加以說明，讓荷爾蒙發揮最大的功能。這些調節方式會在後面進一步詳述。

人體可以主動調節荷爾蒙的原因，在於荷爾蒙的控制可分為兩種，一種是受到生理時鐘，也就是生理時鐘基因的調節，另一種則是不受生理時鐘基因調節的荷爾蒙。

人體荷爾蒙的種類很多，既有可以調節的荷爾蒙，可以因為每天的習慣或想法而影響荷爾蒙，也有不受意志影響的荷爾蒙。

荷爾蒙雖然只是簡單的一個名詞，但不同荷爾蒙的特性卻是千差萬別，所以無法一概而論。然而我們確實知道，許多荷爾蒙的確會受到生活習慣或想法的影響。

為了維持活力，永保健康，我希望每一位讀者都能抓住調節荷爾蒙的要點，從日常生活中主動出擊，養成良好的生活習慣，發揮荷爾蒙最大的功效。

生活習慣如何影響荷爾蒙作用

從器官到細胞，我們的身體是由各種部分所組成，而可以**引導全身細胞的「原始力量」，發揮最大極限，來因應環境的變化，這個主角就是荷爾蒙。**

當環境條件發生變化，身體會立刻產生反應。以外在環境來說，譬如季節的溫度會變化，人體在飯前飯後、睡前與起床後，身體的狀況也會不一樣。

荷爾蒙的調節，可以讓身體適應不同外在環境與身體狀況，使我們的身體能夠發揮正常功能。

不同的荷爾蒙，對於所負責的各種生理作用，可以維持最佳狀態，因此無論在任何環境條件下，身體都能處於最佳狀態。

天氣、溫度等外在環境，我們或許無法控制，但人體內在的環境，我們卻可以想辦法保持在最佳狀態，使器官組織運作正常，這麼作也可以保護器官組織不易受到傷害，避免老化或生病。

正因如此，必須要有**「引導荷爾蒙、發揮最大力量的生活習慣」**。

人體荷爾蒙的種類很多，彼此會產生複雜的交互作用。如果只讓單一荷爾蒙作用，無法進行荷爾蒙之間複雜的調節，這樣無法發揮人體所有荷爾蒙的力量。請記住。一種荷爾蒙的功能，與其他荷爾蒙有關，因此想要發揮荷爾蒙的力量，各種荷爾蒙之間必須有交互作用。

前面提過，荷爾蒙的一個特性，會藉由血液運輸，所以如果人體血液循環不良，荷爾蒙的作用會失去平衡。如果長期處於惡劣的環境，或者過著身心負荷過重的生活，荷爾蒙的平衡當然會崩潰，使得荷爾蒙之間的交互作用受到破壞。

在這種情況下，由於是負面作用，容易造成身心失去平衡，往往可能導致疾病等問題。

由於荷爾蒙複雜的交互作用，在日常生活中，我們在進行各種活動時，不妨注意這些交互作用的影響。

一把年紀，
看起來卻很年輕的人，
往往有良好的生活習慣，
使荷爾蒙發揮最大的功效。

保養維修的荷爾蒙

生長激素減少，導致身體不明原因的不適？

人體有許多種與抗老化有關的荷爾蒙，而其中最重要的是生長激素和褪黑激素。我們來進一步對這兩種荷爾蒙進行詳細說明。

首先是生長激素。生長激素簡而言之，是「讓身體成長的荷爾蒙」。生長激素會幫助人體代謝，促進細胞吸收胺基酸或同化。世界各地都有生長激素的相關研究。經由醫學研究得知，腦下垂體與成長有關。不過，生長激素的分泌高峰期為二十幾歲，到了四十幾歲，生長激素分泌量只剩下高峰期的一半，六十歲左右更只有高峰期的四分之一。

可是即使我們已經成年，身體仍需要生長激素的作用。

成年後，生長激素並不會因此停止作用，而是繼續發揮各種身體修補功能。在生長激素的作用下，人體會修補白天活動所受損的細胞，或是進行輔助新陳代謝等作用。

以下彙整生長激素的作用，可以看見生長激素的確具有很多重要功能：

①建構器官組織，並修補器官組織。
②建構皮膚新生。
③建構肌肉，並修補肌肉。
④建構骨骼，並修補骨骼。
⑤強化免疫力。
⑥強化腦力和視力。
⑦降低膽固醇。

隨著年齡越來越大，四十歲、五十歲、六十歲，有不少人由於「不明原因不適症狀」而困擾。這是因為生長激素分泌量減少，使得受損細胞無法充分修補而產生的不適。

累積的疲勞總是無法減輕，體力急速衰退，好像有老化的徵兆，這些都可能與生長激素減少有關。

如果生長激素不足，皮膚的細胞循環速率（重生、新陳代謝）會跟著降低，因此從美容觀點來看，也會造成負面的影響。

從四十歲到五十歲，皮膚會明顯鬆弛、膚色暗沉，這種皮膚老化的情形，就和生長激素有很大的關係。

我們常常會說「某個人明明年紀很大，看起來卻很年輕」，或者是「他雖然年紀輕輕，卻顯得很蒼老」等等，這可說是使得**減少的荷爾蒙「引導發揮最大力量的生活習慣」，與「降低作用的生活習慣」，兩者之間的明顯差異**。

如何提高生長激素分泌量

中高齡者，由於生長激素減少，除了皮膚的明顯變化，還有「睡眠品質」也會因人而異。

若睡眠品質明顯降低，人體各種荷爾蒙的作用也會隨之降低，而降低的荷爾蒙作用，又會更降低睡眠品質，變成一種惡性循環。

一般來說，隨著「睡眠荷爾蒙」褪黑激素的減少，從四十歲中期開始到五十歲左右，會發生睡眠障礙，漸漸地變得淺眠。人體的睡眠過程分為快速動眼睡眠期及非快速動眼睡眠期，我們睡著以後，這兩種週期會反覆出現。熟睡就是指非快速動眼期。

隨著年齡增加，原本深層睡眠的非快速動眼期（Non-Rapid Eye Movement, 又稱 NREM），還有淺眠的快速動眼期（Rapid Eye Movement, 又稱 REM）兩者都會變短，造成半夜醒來上廁所的次數增加。

這與「抗利尿激素（vasopressin）」的作用有關。

抗利尿激素這種荷爾蒙，具有抑制產生尿液的作用。原本分泌量充足，但隨著年齡越來越大，分泌量會逐漸減少，到五十歲左右，分泌量已經降得非常低。

年長者因此無法正常調節利尿作用，產生的尿液較多，所以常跑廁所，導致睡眠也變淺。

由於成人和小孩體內荷爾蒙的分泌量與作用不同，因此生長激素已經減少的成人，是不是只要提升睡眠品質，就能增加生長激素的分泌呢？

遺憾的是，大人的生長激素，並不能藉由睡眠來加速分泌。

但是，好消息是，除了睡眠以外，還有其他條件可以刺激生長激素的分泌。

那就是：

①適度地感到肚子餓（飢餓的影響）。
②適度地感到壓力（壓力的影響）。
③適度地做運動（運動的影響）。

請各位讀者注意，這三個條件，就是可以刺激生長激素增加的「適度三原則」。

如果總是吃得飽飽的，身體不會分泌生長激素。保持肚子有一點飢餓狀態，不要吃太飽，則可以促進生長激素的分泌。一般飯後經過三～四小時的消化，會有一小段空腹時間。適度的空腹時間是有益的，但如果空腹太久反而會造成壓力，所以每餐之間間隔五小時是最理想的。

因此，為了促進生長激素的分泌，延緩老化，修復身體，請務必遵守這三件事：

①吃點心「有節制」。
②三餐「定時定量」。
③讓肚子「有一點飢餓感」。

前面的「適度三原則」，其中②的「壓力」有各種形式，若為內心感到不安、憤怒、危險等壓力，對人體的傷害較大，但有一種壓力會讓你覺得雖然有點疲勞，但反而心情會變得很好，這種壓力就是一種正面的壓力，有助於刺激生長激素的分泌，以便適當修補人體。

因此，不妨在工作或生活中，設定幾個目標或興趣，帶著熱情去完成吧。為生活增添不一樣的色彩。

適度的運動可以鍛鍊肌肉。運動時，肌肉細胞多少會有損傷，但適度的運動卻會產生正面的壓力，同樣能促進生長激素分泌。

為提高運動效果，可注意有氧運動和無氧運動的搭配（詳細情形會在後面繼續說明）。

還有一件很重要的事，可以讓由於年齡增加而減少的生長激素，不會繼續減少。我在哈佛大學所屬的睡眠醫學研究室團隊，所進行的研究結果顯示，從晚上十一點到早上七點，進行充足的睡眠，會比一般睡眠時期所產生的生長激素分泌量更多。

如果輪值夜班工作，可能很難在這個時間帶睡覺。一般人在晚上十一點到早上七點這個時間帶睡覺，就是促進生長激素分泌量的秘訣。

擊退致病原因的褪黑激素

接下來要談的是褪黑激素。

褪黑激素是支援「人體維修」的重要荷爾蒙。

產生於大腦松果體的褪黑激素，是在我們睡覺的時候分泌。褪黑激素不僅具有提高睡眠品質的重要作用，也是促進生長激素分泌的重要背後推手。

褪黑激素的作用主要如下：

①促進高品質睡眠。
②提高免疫力。
③去除自由基（抗氧化作用）。
④降低膽固醇。

褪黑激素的作用，是對光非常敏感的。因此，**不讓褪黑激素減少的主要方法，首先就是每天都要曬太陽**。

根據我所屬的哈佛大學醫學部睡眠醫學研究室的研究成果，我們人體的生理時鐘實際上為二十四小時又十一分鐘。地球自轉週期是二十四小時，因此生理時鐘與地球自轉一圈（一天）有十一分鐘的誤差，但人體會自動修正這個誤差，也就是人體每天都會重新設定生理時鐘。擔任重新設定這項重要工作的，就是太陽光。

早上我們照太陽（日光），這時生理時鐘的計時器就會歸零，重新設定時間，經過約十五小時，根據生理時鐘的設定，人體會開始分泌褪黑激素。等到時間到了，因為褪黑激素開始作用，會使我們的身體內部體溫降低，所以自然而然會想睡覺。

免疫力提升也是褪黑激素的作用。我們身體與生俱來的免疫力，在正常作用下，會擊退感冒等病毒，或是消滅各器官組織所形成的癌細胞。

胸腺所產生的T細胞，會排除癌細胞，屬於免疫團隊的一員。而褪黑激素會刺激胸腺，使胸腺的T細胞成熟。因此，對於預防癌症或避免癌細胞增殖，褪黑激素具有間接貢獻。

此外，褪黑激素對自由基的去除也有貢獻。人體暴露在空氣中，呼吸空氣，空氣中的氧氣可以促進人體的各種生理作用，進行新陳代謝，所產生的自由基卻會引起各種負面作用，導致疾病。

老化的最大因素，是因為自由基在全身大量產生。人體雖然能製造去除自由基的褪黑激素，但必須要遵守一個規則。

我們都知道，退黑激素受到早晨日光很大的影響，但是等到太陽下山以後，剛好相反，則要盡量**避免照射「人工光線」**。

夜晚眼睛照射到光線，光線會抑制褪黑激素的產生。由於褪黑激素減少，會造成深部體溫不易降低，降低促進睡眠作用，使人體生理時鐘延遲。這些影響會產生骨牌效應，連帶使其他荷爾蒙也受到影響，使得荷爾蒙失去協同作用，加速負面循環，導致睡眠不穩定，睡眠品質降低，甚至引發生活習慣病等。

我想，每位讀者家裡都有智慧手機、電腦或平板電腦等資訊產品，有了這些新科技產品，生活變得更便利，但是往往造成過度倚賴。由於這些產品的螢幕顯示器會發光（尤其是藍光），人工光線正是褪黑激素最大的敵人。

保持健康，延長壽命，
就不要造成人體器官組織的
「不活躍部份」。

正確調節荷爾蒙，活到一百二

你知道老化分為兩種嗎？

一種是生理性的正常老化，另一種則是病理性的不正常老化。

自由基是細胞產生能量時連帶產生的物質，所以不管是過著多麼完美的生活，人體仍舊無法停止產生自由基。很可惜的，即使現代醫學日新月異，也無法控制自由基的生成。

進行生命活動，生命體必須產生能量，產生能量過程中所衍生的自由基，可說是「活著」的證據，因自由基引起的老化，屬於生理性老化。

另一種病理性老化，則不屬於基本的生命活動範疇所出現的老化。這種老化情形包括疾病所造成的老化，除此，還包括**紫外線照射、攝取食物中的氧化物質、睡眠不足、生活壓力過大等，可見病理性老化是源自錯誤的生活習慣**。

進一步來說，病理性老化是與原本常規的日常生活脫節，由於進行各種造成身體負擔的行為，所引起的老化。

由此可見，病理性老化是一種生理性老化以外的不必要老化，可以藉由**改變生活習慣而有效防止**。現在這個時代，已經到了醫學進步足以控制年齡增長（老化）的時代。

同世代的人喜歡比較「誰比較老」，結果往往發現差異甚大，這種情形就是抗老化荷爾蒙分泌所造成的差別。

透過對於生長激素和褪黑激素的認識，養成良好生活習慣，讓人體可充分分泌這兩種荷爾蒙，駕馭荷爾蒙，就能邁向不老、永保青春的人生道路。

如果人類能夠完全控制病理性老化，每個人都可能活到一百二十歲。

而且不但延長壽命，也能延長擁有健康的時間，一石二鳥。

荷爾蒙與健康、壽命的關係

年齡越來越大，希望外表模樣看起來依然年輕，重點在於讓全身一起平均老化，而不要有某個部份過於老化。

因此要注意，人體器官組織「不要有運作不順的部份」。例如，心臟、肝臟、胃、腎臟等器官，如果有疾病就會迅速老化，這是病理性老化造成的加速作用。

我所屬的哈佛大學研究團隊，有各種廣泛的研究主題，其中一個研究主題是想要延長人類的平均壽命至一百二十歲。

此研究除了延長壽命，並探討成人如何在六十五歲到八十歲之間，充實生活，過得健康。

「如何延長健康與壽命」，已成為醫學界未來研究的重點主題。

根據這些研究，使延後退休的勞動人口能夠增加，或是退休以後有體力和精力培養興趣，生活過得更愉快，因而能減少醫療費用。對於面臨少子高齡化問題的社會來說，是很重要的解決策略。

當一個人過著良好的生活型態，維持荷爾蒙平衡與自律神經平衡，讓每天的生活都能正面持續前進，就是我們的研究成果所希望達成的結論。因此，除了了解荷爾蒙的調節機制，對於血管、神經、肌肉、器官的保養也不可或缺。

多重面貌的荷爾蒙：皮質醇

睡眠時期分泌的不只有褪黑激素或生長激素而已。皮質醇（cortisol）這種荷爾蒙也會在睡覺時分泌。

對照到前面提到過睡眠週期，皮質醇的分泌，大約是在凌晨三點左右到天亮之間的快速動眼期。皮質醇分泌的性質是在早晨到達巔峰，傍晚最少，因此也稱為「清醒荷爾蒙」。

皮質醇另有抗發炎作用，抑制過敏的作用。

還因為具有燃燒脂肪的作用，又被稱為「減肥荷爾蒙」。

透過理想的睡眠方式，適度促進睡眠中的皮質醇分泌，如此一來不但可有健康的睡眠，還不易變胖。

另一方面，皮質醇又被稱為「壓力荷爾蒙」。

為了維護健康，人體會分泌皮質醇，以對抗壓力，可是如果皮質醇分泌太多，會使血糖值上升，並造成免疫力降低。已有研究結果顯示，睡眠時間太短，皮質醇的分泌會超過需要量，因而造成血糖值上升，血壓也跟著上升。

清醒荷爾蒙、減肥荷爾蒙、壓力荷爾蒙，同樣是皮質醇，根據不同情況，可以有三種名稱與作用。不同的名稱，代表荷爾蒙「不管好與壞」都在我們身體有許多不同作用。

荷爾蒙雖然還不至於像英國的著名文學作品《化身博士（Dr. Jekyll and Mr. Hyde）》那樣，一個人有許多面相，但荷爾蒙的確具有各種不同的作用。

為何會老化？

請問各位讀者，你知道人類為何會「老化」嗎？

我在這裡說明幾種可能原因。首先。老化最主要的原因，是由前面已經介紹過的「自由基」所引起的。

也可以說，自由基所造成的細胞受損，就是老化。

人體機制，自由基會隨著年齡增加而增加，造成細胞傷害，最後甚至影響基因，使細胞本身功能降低，而損害各器官組織功能。

與老化最相關的是「粒線體學說」。

我們全身的細胞，都有一種稱為粒線體的小胞器。胞器是細胞裡進行特殊功能的部位。

粒線體是細胞的組成，又稱為「細胞的能量工廠」，是細胞產生能量的部位。

粒線體會製造生物生存所必要的能量，需要氧氣或營養素，但是在產生能量的過程中，同時卻會衍生自由基。

把粒線體比喻為工廠，比較容易理解。

工廠生產、製造能量，在能量的生成過程中，會有各種排放氣體產生，排放氣體從工廠煙囪裊裊吐出，這些排放的氣體就相當於自由基。

如果沒有能量，細胞無法存活。

可是產生能量的同時，工廠卻會排放廢氣，亦即產生自由基而傷害周圍器官或組織，一刀兩刃。這是自然的生理性老化。

然而粒線體本身也會老化。

購買新車，新車開久了，排放氣體會越來越多，粒線體也有同樣的情形。當我們逐漸變老，能量產生的效率降低，而容易產生自由基。由於細胞裡面出現越來越多的自由基，所以可能對基因造成有害的影響。

不過，細胞有一種自動保護機制，當粒線體老化，細胞會自動死亡。當細胞達到某種程度的老舊，能量產生效率變差，會出現這種自動死亡機制。細胞自然死亡，稱為「細胞凋亡（apoptosis）」或「細胞凋零」。細胞凋亡通常是細胞自然死亡，但在細胞中勤奮工作的粒線體，也會發生「凋亡」的狀況。

其他老化原因還有「荷爾蒙減少學說」。

人體荷爾蒙一般會隨著年齡增加而減少，並且根據不同的生活習慣，還有枯竭的傾向。一旦荷爾蒙枯竭，身體的正常作用無法進行，難以維持正常生理作用與恆定性，造成全身老化，所以又稱為「老化的荷爾蒙減少學說」。

關於老化的最新的說法是「免疫作用降低學說」。

我們身體具有免疫系統，能防止來自外界的異物入侵，是個優秀的防禦、排除系統。如果免疫系統的功能降低，容易引發感染，產生發炎反應。

人體發炎，自由基會增加，產生老化的惡性循環。

免疫對人體的癌細胞具有調節能力，免疫力降低，人體會容易產生癌細胞。如果癌細胞越來越多，會形成腫瘤，侵蝕器官組織，形成大範圍的不活動區域。癌細胞外圍是健康的器官組織，癌細胞區域則出現老化情形。

免疫功能降低，會對人體各方面造成不良影響，傷害健康。感冒可說是萬病之源。伴隨感冒引起的發炎本身會對身體造成各種傷害，甚至引發更嚴重的疾病。容易感冒原本就代表人體的免疫力降低，有導致更嚴重疾病的傾向。

綜命以上的老化原因：

「怎樣才能抑制自由基？」

「有辦法去除已經產生的自由基嗎？」

想要延遲老化，必須從這兩個方向著手。

幸福荷爾蒙

充足的褪黑激素從白天開始

除了老化，壓力也是一大問題。

我們的生活，每天都有大大小小必須要去解決的壓力。但是，與其說是解決這些壓力，倒不如說是學習如何與壓力和平共處。如果用錯誤的方法與壓力相處，反而會讓老化加速。

人體與壓力緩和有關係的荷爾蒙，是稱為血清素（Serotonin）的荷爾蒙。腦幹中有一種神經元會製造血清素，主要調節我們的情緒、憤怒、攻擊、睡眠、性慾、胃口、嘔吐等功能，如果血清素減少，會有憂鬱傾向，所以血清素又稱為「幸福荷爾蒙」。

血清素其實和前面出現過的褪黑激素有重要的關係。夜晚，酵素會與血清素產生作用，讓血清素轉變為褪黑激素。白天照射日光對人體很重要，因為日光的照射會促進血清素分泌，血清素到了晚上，會轉變成為我們睡眠時期的褪黑激素。

人類一般是白天醒著，夜晚入睡。白天醒著的時間，人體是分泌血清素，晚上睡眠的時間則是分泌褪黑激素。這兩種荷爾蒙好像雙胞胎關係，兩者的分泌必須正常，才會讓身體充滿活力，預防老化。

白天的日光照射，會讓血清素增加，夜晚充足的睡眠，則可讓褪黑激素發揮作用。無論是血清素不足，或褪黑激素不足，都會失去健康活力。

憂鬱症的治療，會使用讓血清素增加的藥物，這是因為血清素的作用。焦慮、情緒低落或經常怨天尤人，通常這種人的腦部就是缺乏血清素。憂鬱症的用藥之一——百憂解（Prozac）就是會促進人體分泌血清素。

順帶一提，製造血清素的材料是稱為「色胺酸」（Tryptophen）的必需胺基酸。這種必需胺基酸，人體無法自行合成，只能從食物中攝取。

一百公克食物中，富含色胺酸的食物包括：全麥製品、大豆製品、香蕉、牛奶、優酪乳、小米、腰果、核桃、葵瓜子、芝麻、南瓜子、開心果等，動物性的來源則為肉類、鱈魚、鮭魚等。吃這些食物有助於人體合成血清素。此外，血清素合成需要維生素B_6，富含維生素B_6的食物包括綠葉蔬菜、魚、酵母、小麥、玉米、牛奶、蛋類、肉類、白菜等。

血清素會使我們大腦產生「快感」、「愉悅」，血清素的分泌最多是**在我們得到安慰時，還有做運動時**。以下是促進血清素分泌的方式：

- 與家人或寵物的親密接觸
- 健走、舞蹈等有氧運動
- 腹式深呼吸
- 吃飯細嚼慢嚥
- 做喜歡的事，減低壓力

注意睡眠與飲食，放慢生活節奏，盡可能愉快地過日子，再加上適度的運動，使血清素分泌正常，就能減低壓力。

到了夜晚，血清素轉變為充足的褪黑激素，可以消除身體所產生的自由基，這麼一來，抗老化作用的美好一天循環完成。

睡眠突然變淺，
是老化現象的一大警訊。
請儘速檢視生活習慣，
以防加速老化。

老化源自於錯誤的生活習慣

你知道最不可忽視的老化現象警訊是什麼嗎？

我本身在門診看診，感受最深刻的就是患者「睡眠情況的變化」。簡單來說一句話：「睡眠突然變淺」就是要特別注意的老化現象。

我們有時會誤以為睡眠問題應該是失眠，但其實很多情況都不是失眠。睡眠會忠實反映你的生活習慣。

當你的生活作息混亂，人體生理節奏就會跟著混亂，導致對睡眠的質與量造成不良影響。同時，由於人體無法確實在白天準備充足的荷爾蒙（血清素不足，導致褪黑激素不足），健康及睡眠會受到連帶影響。再加上自律神經的作用變亂，讓睡眠品質變得更加惡化，形成惡性循環。也就是說，睡眠的質與量降低，會連帶導致生活習慣病。

在二十幾歲、三十幾歲時期，老化作用不明顯，睡眠時期仍有充足的荷爾蒙可以作用，因此，即使這個階段的生活習慣混亂，還是能勉強維持睡眠的品質，足夠作用於身體修補。

這正是問題所在。身體的狀況勉強維持正常，但錯誤的生活習慣一直不改變，造成原本充足的荷爾蒙，卻在四十歲開始大量減少。不過，這些狀況並不會快速表現在外貌上，因此沒辦法一眼看穿，讓我們意識到需要修正生活習慣，就這麼隨波逐流地過日子。

持續混亂的生活習慣，踏入四、五十歲，原本保持基礎值的整體荷爾蒙量會快速降低，逐漸沒有辦法補足降低的量。

正常的生理性老化是無可奈何的，但此時，卻因生活習慣不正常，而出現加速老化的病態性老化。

因此，老化的原因不僅是高齡，還會受到我們生活習慣的影響。

作息日夜顛倒，生長激素減半

各種荷爾蒙並非是單打獨鬥地作用，而是相互合作，產生交互作用。因此以整體觀點來調整飲食生活、睡眠或運動，人體所必需的荷爾蒙才能確實地作用，因此，有如傳話筒遊戲，一個接一個傳遞下去的時候，如果中間產生失誤，會導致全身的荷爾蒙接連失去平衡，使得從白天到夜晚，各環節作用的荷爾蒙，無法發揮完整的力量。

作為重要抗老化荷爾蒙的生長激素，分泌最重要的階段，在於我們最熟睡時期，也就是睡眠週期前三小時的深度睡眠時期——非快速動眼期，在這個時期的生長激素分泌量，大約為一天分泌量的七成。

睡眠週期有不同的階段，分為熟睡的「非快速動眼期」，淺睡的「快速動眼期」。非快速動眼期是剛進入睡眠的深睡時期，接著會慢慢地轉變為快速動眼期，於天亮時分清醒。

快速動眼期受到人體生理時鐘的支配，因此一旦生活習慣混亂，就寢時間變晚、延遲，原本應該熟睡，進入非快速動眼期的熟睡階段，卻因為受到干擾，生理時鐘變成快速動眼期的淺眼狀態。

由於快速動眼期，會和非快速動眼期拮抗，而使我們難以進入深入的非快速動眼期，導致生長激素的分泌也跟著降低。

前面曾提及，如果過著日夜顛倒的生活，即使之後補充再多的睡眠，生長激素的正常分泌量也會減半。

反過來說，只要生活習慣規律，能夠在天黑的時候睡覺，早晨天亮起床，褪黑激素隨著生理時鐘調整平衡，也保持睡眠平衡，就能讓生長激素的分泌展現最大效益。

想要調節人體生理時鐘，恢復正常，必須要注意照射日光的時機，另外飲食的時機也很重要。透過規律的三餐飲食，從肚子開始配合生理時鐘。

飛機機師或空服員、護士等需要輪班工作，或是難以在晚上睡眠時間正常睡覺，這些人由於沒有辦法調節睡眠時間，飲食就要特別注意，盡可能照三餐規律進行，讓生理時鐘的誤差最小，如此才能讓生長激素減少的影響，降到最低程度。

現代社會中，要維持百分百健康的生活習慣，可能有些難以執行，不過就是因為如此，我們更要了解荷爾蒙的作用，才能減緩老化的影響。

降血糖的荷爾蒙

影響血糖值的荷爾蒙

生活習慣也會影響「血糖值」。

進行健康檢查，大家都會很關心血糖值，血糖值是指血液中的葡萄糖濃度。

糖份是使人體運作不可欠缺的一種物質，但是如果糖份吃太多，反而會成為威脅我們身體健康的原因。

一般來說，如果血液中的葡萄糖濃度過高，就是「高血糖」，過低則是「低血糖」。人體讓血糖上升或降低，是荷爾蒙的作用。使血糖上升的荷爾蒙有好幾種，但是使血糖降低的卻只有一種。

讓血糖降低的這種荷爾蒙，就是胰島素。

為什麼讓血糖降低的荷爾蒙，只有一種而已呢？

原因是因為，在人類演化的歷史上，常常都吃不飽。吃不飽，血糖就不足，人體為了生存，為了對抗飢餓，必須維持一定的血糖值，如果血糖太低就會性命不保。因此使血糖上升的荷爾蒙變得很重要，造成人體有好幾個基因都與升高血糖具有相關性，可是讓血糖降低的需求卻很低。

不過，到了現代，人類的生存環境變得完全不一樣。

在這個時代，無論在餐廳或自己家裡，到處充斥著高卡路里的食物，一不小心就會吃太多。在這樣飽食的時代，血糖只會高不會低，造成胰島素疲於奔命，為了使高血糖降低，胰島素必須拼命作用。

在此必須讓各位讀者了解一點，我們的生活習慣和胰島素的作用，具有密切的關係。

首先是睡眠。研究已經得知，睡眠時間太短，或睡眠品質降低，已知會讓血糖上升。

其次，飲食不要精緻化，過著規律正常的生活，注意每天的生活習慣，人體的荷爾蒙就不會失去平衡。但如果暴飲暴食，飲食時間也不規律，或是平日的飲食總是高ＧＩ（使血糖上升的指數），大量增加血液中的血糖，使血糖上升，這樣一來，使血糖降低的胰島素，作用就會漸漸疲勞。

人體讓血糖降低的荷爾蒙，只有唯一一種胰島素，假如平日身體總是呈現高血糖狀態，胰島素的作用效率會變差，或者胰島素失去作用，罹患糖尿病的危險性就會升高。

糖尿病會侵蝕全身的微血管，造成全身加速老化，甚至可能引起死亡，是一種很危險的疾病。

我希望各位有緣份讀到這本書的讀者，請重新檢討你的飲食和生活習慣。

胰島素會降低血糖，具有防止老化的作用。如果胰島素對肌肉、脂肪、肝臟與中樞神經等組織，無法產生正常的反應，失去代謝葡萄糖與脂肪的功能，就會造成血糖升高與脂肪代謝異常，稱為「胰島素阻抗」。胰島素阻抗會導致糖尿病，與老化、缺乏運動、遺傳因素有關。

前面提到的GI值，是指升糖指數（Glycemic Index），在消化過程中，食物中的醣類分解，並將葡萄糖迅速釋放到循環系統，這就是高升糖指數（高GI）。高GI食物有白米、香蕉、麻糬、馬鈴薯、麵條、白麵包等，低GI食物則有蔬菜、黃豆、堅果類、蘋果等（大部分的堅果類或蔬菜類都是低GI食物。）

為了不讓血糖值快速上升，請多攝取低GI食物。

無論男性或女性
如果覺得近來比較焦慮，
或是個性出現較大變化，
合理懷疑可能有荷爾蒙減少的情形。

焦慮不安
的荷爾蒙

焦慮不安，可能是因為荷爾蒙

原因不明，總覺得哪裡不對勁，這時往往會變得很困擾，不知道該怎麼辦。就算到醫院看病，做檢查，結果完全檢查不出異常，醫師通常也不會做什麼特殊的治療。

這種情形只能歸類於未明原因的全身不適，但由於看醫生、做諮詢，都無法改善身體狀況，會令人感到非常焦慮。

雖然感到焦慮，但其實身體的狀況並不如想像嚴重，這種情形經常與荷爾蒙有極大的關係。

以女性來說，生理期開始前一週左右，**動情素**（estrogen**又稱「雌激素」**）的性荷爾蒙分泌會減少。

相反地，**促黃體生長激素**（progesterone**又稱「黃體素」**）**的性荷爾蒙分泌則增**

加，因而引發焦慮或倦怠感，甚至導致憂鬱。

這種情況在醫學上稱為「PMS（經前症候群）」。

並非所有女性都會發生這種情形，但每個人的嚴重程度不同，事實上荷爾蒙的週期變化，多多少少還是會對女性的心理層面造成影響。

尤其是雌激素，可說是心理層面安定的重要荷爾蒙。

男性來說也有類似的情形。

舉例來說，幸福荷爾蒙——血清素，如果分泌量降低，心理層面還是會受到影響。這種心理層面不安定的情形，嚴重會導致憂鬱症。

男性進入五十歲，有時會突然變得頑固，高興和不高興的情緒反覆無常，感情的起伏變化突然也變大。

這些情緒的變化都和睪固酮（testosterone，一種男性荷爾蒙，屬於性荷爾蒙）有關。

睪固酮是一種固醇類激素，由男性的睪丸分泌，相當於女性卵巢所分泌的雌激素，因此睪固酮又稱為「雄激素（androgen）」。

男子氣概荷爾蒙

決定領導能力與判斷力的荷爾蒙

隨著年齡漸長，人體整體的荷爾蒙分泌量會逐漸降低。降低的情形每一種荷爾蒙種類不同。荷爾大致是在十幾歲青春期大量分泌，二十歲到三十歲開始減少，四十歲開始快速減少，到六十歲會減至原本全盛時期的四分之一左右。

男性主要的雄激素——睪固酮，也一樣會隨著年齡而減少。

睪固酮從十幾歲後半到二十歲前半，會達到分泌量高峰期。在這個時期，人體會長高長壯，男性會有變聲等，女性會有乳房發育等特有性徵。接著，荷爾蒙分泌量隨著年齡增加而緩慢減少，到了五十歲，則減到高峰期的一半左右。

進入四十歲階段，男性剛好在這段時期，會承受工作或家庭最大的壓力，這也被認為是造成睪固酮減少的原因。

雄激素主要是睪固酮，整體的作用特徵是產生攻擊性、鬥爭性。因此男性的體格肌肉比女性更為發達，看起來具有男子氣概，此外，男性也在精神層面上比女性有更強的攻擊性。

由於這些特徵，是雄性激素的作用形成，因此雄激素一旦減少，男性不僅在心理層面變得溫和，還可能進一步發展為憂鬱症。

雄激素對於邏輯思考、判斷力，有很大的影響。

雄激素分泌充足，在團體中有領導力，可以率領眾人，充滿幹勁。

雄激素分泌減少，率領眾人的領導力降低，所以原本可以快速下判斷，卻變得遲遲無法決定，邏輯思考能力也降低，應該有彈性的地方，反而變得頑固，個性大變。往往造成平時大聲咆哮的主管變得圓滑，容易衝動的人，則隨著年齡變得穩重，這些都是由於荷爾蒙的變化。

男性心理有一些整體共通的部分，例如攻擊性或邏輯性屬於男性性徵，因此雄激素減少，會造成「男性上位」傾向減低，衍生心理恐慌或焦慮，導致日常生活出現焦慮或不快，因而可能導致憂鬱症狀。

當然，世界上仍有許多中高齡男性，能在生活上承受雄激素減少所造成的生理現象，過著充滿活力的人生。

這些男性的生活，當事人本身不僅具有正面思考態度，還加上妻子或家人等協助營造的家庭環境影響等等。

所以，男性因為年齡增長，雄激素減少，並不是消沉、脾氣不好、無法判斷、暴躁的理由。

想要增加雄激素，必需注意多攝取的食物有：蔥（青蔥、洋蔥），大蒜、薑、韭菜、肝臟、牡蠣、大豆、味噌、雞肉、高麗菜、起司、鰻魚等。

牡蠣含有豐富的鋅，高麗菜可抑制女性荷爾蒙，洋蔥含有抑制動脈硬化並排除脂肪的槲皮素（Quercetin）。

因此，男性想要降低雄激素減少的影響，除了積極**調整生活型態與生理時鐘，還要注意飲食**。

男性也有更年期

這一節想要告訴各位讀者的是：「身體不舒服，背後可能有荷爾蒙因素」。

由於年齡增長，男性雄激素或女性雌激素的減少，所引起的生理性老化，是無可避免的，但也不必因此而放棄，正因為會發生這樣的情況，更應該了解為何全身倦怠或焦慮不安。

同時，請注意人體荷爾蒙平衡的重要性，重新檢討對荷爾蒙變化所導致的生理作用改變，並積極以調整生活習慣為應對策略。事實上，荷爾蒙變化是人體的自然變化，了解這些變化並採取對策，能夠降低困擾與擔憂。

重新檢討生活習慣，調整與改變，將能提升生活品質，實際感受到不舒服的情況獲得改善。

女性年齡增加，會有停經的狀況。停經是更年期障礙的主要原因，源自於雌激素的缺乏。在更年期前後，女性會出現熱潮紅（臉部潮紅）、多汗、耳鳴、頭痛、肩膀僵硬、容易疲勞等各種變化。

相對的以男性來說，主要的雄激素——睪固酮在三十歲、四十歲、五十歲減少的幅度比較緩和，因此，雖然雄激素也會隨著年齡而減少，但並沒有快速降低，因此症狀並不明顯。

但是長期來看，由於男性的雄激素分泌持續降低，有研究報告指出，這種情形與腦部海馬體等部位的神經細胞減少有關，可能與老年失智有關，也會造成對各種外來壓力的耐受性降低。

不過，由於男性睪固酮減少的情形，並不是在短時間內的明顯變化，實際的變化是緩和的，因此身體並沒有如同女性停經等的重大變化，所以難以自覺。但這也是造成問題的原因。雖然男性性荷爾蒙的減少，不會使欲望一下子就消失，但其實身體正一點一滴地緩慢進行。

從上述可知，雖然變化比較不明顯，其實男性也和女性一樣有更年期。

男性的更年期，主要原因是睪固酮減少，但深入探討，真正的影響是「壓力」。

以更年期年齡來看，此時男性在職場多為經理主管級，或是經營者，屬於背負責任的角色。在家庭也要面對許多問題。除了承受多重壓力，在這段時期，由於雄激素會隨年齡而減少，使得對壓力的耐受性降低。

因此這個階段男性特別容易受到壓力影響，壓力進而又導致荷爾蒙失去平衡，造成惡性循環。

這就是導致男性更年期障礙的前因後果。

睡眠時間七小時，
徹底修補
白天人體損傷。

促進深層睡眠的荷爾蒙

白天產生優勢作用的交感神經，與晚上產生優勢作用的副交感神經，到了更年期，兩者的平衡會出現偏移。這個時期有些人到晚上想要睡覺，卻因為工作壓力而全身緊張，這是交感神經還在作用的表現，由於副交感神經無法順利發揮作用，使身體緊繃，全身微血管也收縮。

在這種情形下，褪黑激素或生長激素無法進行正常的血液循環，連帶造成整體免疫功能隨之降低。結果，人體的自由基累積，變得容易生病，成為病毒等病原體或癌細胞的搗蛋天堂。

長期睡眠不足，晚上睡不好，反而白天想睡，這是交感神經沒有順利作用所造成的。身體變得虛弱，行動遲緩，甚至產生憂鬱症狀，連帶導致帶來幸福感的血清素分泌也減少。

探討男性、女性的更年期障礙背景，常會追溯到睡眠問題。

我在前面多次提過，除了飲食和運動，還要提升睡眠品質，特別注意荷爾蒙開始失去平衡的中高齡時期，容易忽略的生活習慣問題。

擁有舒適的睡眠，最理想的睡眠狀況是，非快速動眼期、快速動眼期兩者的連動，可使非快速動眼期睡眠期（深層睡眠）分泌生長激素。

更年期的朋友，自律神經、荷爾蒙平衡容易失調，因此我希望各位讀者能更加了解睡眠機制，在自己能做到的範圍內，確保最高的睡眠品質與份量。

此外，有一種物質會促進生長激素分泌，引導我們進入深層睡眠的非動眼期，也就是前列腺素D２（prostaglandin D2 英文縮寫為ＰＧＤ２）。ＰＧＤ２是我的研究主題之一，近來受到熱烈的討論。

ＰＧＤ２分布全身各器官；在腦、神經組織、心臟、肺、腎、胃、腸、子宮、腎上腺及脂肪組織內均有，其中以羊水及精液中含量最高。而ＰＧＤ２主要是由保護腦部的蜘蛛膜和製造脊髓液的脈絡叢所產生，這裡是腦部掌管睡眠的區域。

ＰＧＤ２會隨著脊髓液在腦內循環，累積達一定量時，會促進非動眼期睡眠（深層睡眠）。最近我的研究室得到一個研究結果，發現ＰＧＤ２具有防止動脈硬化的作用。

人體組織會產生ＰＧＤ２，具有周邊血管擴張作用及抑制血小板凝集作用。當引起動脈硬化的物質變多，人體馬上產生ＰＧＤ２來因應，因此對於動脈硬化有預防效果。

到了更年期，由於年齡增加，各種負面因素累積，會使動脈硬化易於發展。為了因應這樣的狀況，我們的身體會產生ＰＧＤ２這種激素，使睡眠深沉，並能對抗動脈硬化，實在是人體內分泌調節機制的奧妙。

ＰＧＤ２還有許多問題尚待研究。我希望能儘量加速研究，趕快將成果貢獻給各位讀者。

七小時睡眠，活化荷爾蒙

我們已經知道，生長激素和褪黑激素是非常重要的抗老化荷爾蒙，因此想要讓這些荷爾蒙（也就是激素）具有良好的作用效果，**必須遵循生理時鐘，建議要晚上十一點睡覺，早上六點起床（或晚上十二點睡、早上七點起床），進行「七小時睡眠」循環**。

實際上，我所屬的哈佛大學醫學部布萊根婦女醫院（Brigham and Women's Hospital）以七萬人為對象的睡眠調查結果顯示，每天睡眠七～八小時，心臟病發生率最低。另外，在美國有另一個超過十萬人的大型研究，顯示七小時睡眠的死亡率最低，壽命最長。

早上六點起床，照射陽光，隨著生理時鐘開啟褪黑激素的計時器，經過大約十五小時，到了晚間九點左右，人體開始自動分泌褪黑激素，漸漸變多，大約晚上十一點左右開始想睡。在晚間十一點入睡以後，生長激素隨即接手，到凌晨二點左右，生長激素分泌量增加。

這是依照生理時鐘的褪黑激素時程，深層睡眠時期會大量分泌生長激素，考慮這些荷爾蒙的作用時間，得到結論，以七小時的睡眠循環，最能夠提升人體的修復功能。

睡前三小時，決定睡眠品質

為了提升修復人體損傷的效率，請注意務必「睡前三小時開始，要盡量減少照射光線」。

以十一點或十二點上床睡覺來說，睡前三小時就是八點或九點，此時要開始降低房間的明亮程度，例如關掉部份室內燈光或檯燈，造成昏暗的感覺，這樣可以促進褪黑激素產生，使我們有想睡的感覺。

但很多人都沒有注意到，智慧手機、電腦等螢幕，也會發出亮光，尤其是藍光。有些人上床前還在看這些亮光，造成抑制褪黑激素的分泌，不但妨礙入睡，還會讓人體的生理時鐘往後延遲。甚至，已知智慧手機的電磁波會破壞褪黑激素。由於睡前閱讀手機或平板電腦等不自覺的習慣，造成褪黑激素大量減少，結果睡眠不良，使人體修復效率顯著降低。

因此，睡前請特別注意，儘量不要看手機或電腦螢幕。褪黑激素對光線的敏感程度很高，即使只有一點光線，也會抑制褪黑激素的分泌。

為了避免褪黑激素減少，造成我們睡眠品質變差，因此若半夜起來上廁所，建議也要儘量減少燈光的干擾，不要開大燈，小夜燈即可。

為了提高睡眠時期人體修復的效率，建議睡前兩小時可以進行溫水半身浴。然後請於睡前一小時結束入浴。睡眠時期，副交感神經占優勢，此時有必要讓末梢微血管放鬆，使血液循環正常，這樣可以確保荷爾蒙供應到人體各組織器官。泡個溫水澡，可促進血液流到末梢，手腳變溫暖，將人體深處的體溫帶到體表。

利用半身浴放鬆並溫暖身體，使微血管可以鬆弛，深處體溫往體表傳播。深處體溫降低，腦神經系統隨之鎮靜，可說是「身體進入保養時間帶」的通知。

有些人會喝睡前酒。由於酒精在代謝過程中會讓腦部清醒，並且還會造成肝臟負擔，使得人體修復效率顯著降低。一般人以為喝了酒好像會想睡，但那是昏沉而非真正的睡眠，比較接近昏迷狀態。而且酒精使人昏昏欲睡，但由於酒精本身的作用，會阻止人體充分獲得荷爾蒙的力量，反會造成停工狀態。

順應這些荷爾蒙的正常調節機制，我們可以「減輕」白天受到的壓力。

隨著年齡增加，中高齡男性的睪固酮減少，中高齡女性的雌激素減少，也就是性荷爾蒙會隨著年齡的增長而減少，這是無可避免的事實。

但人體的修復作用，可以透過「理想睡眠狀態」，提升體內褪黑激素或生長激素的作用效率，做一些補救。

因此，請重視**「睡前三小時」這個時間帶，以促進荷爾蒙的功能和分泌，使人體修復作用正常進行**。

請記得晚上八、九點到十一、二點這段睡前時間，對荷爾蒙的影響很大，是正副交感神經作用交接的重要時刻。這是人體「從緊張到放鬆」的轉換時間。透過入浴、調整燈光，進而讓身體放鬆。

發揮荷爾蒙最大力量，最適當的生活習慣

□首先要有高品質的睡眠
□適度的肚子餓，不要吃太飽
□適度的壓力
□適度的運動
□不吃零食
□三餐規律
□規律照射太陽光（日光）
□睡前三小時盡量不要接觸手機、電腦螢幕、亮光
□與家人、寵物有親密接觸時間
□進行健走、舞蹈等運動
□腹式深呼吸
□吃飯請細嚼慢嚥
□做喜歡的事情，降低壓力
□晚間十一點就寢，早上六點起床（或十二點就寢，七點起床），睡足七小時
□睡前二小時半身浴，提高睡眠品質

第2章

調節荷爾蒙，由內而外活化身體

不分年齡長幼，
想要心情愉快，
請增加多巴胺分泌。

生存意義、學習的荷爾蒙

腦部活躍的荷爾蒙

現代化社會有各式各樣的娛樂，這些娛樂都是外來的刺激，讓你可以心情愉快。我們的身體機制，令人超乎想像，了解各種生理作用，可以由內而外活化身體，過得更健康、更舒適。

近來醫學進步令人驚嘆，從生理角度漸漸解開人體的奧秘。本書是從荷爾蒙這個角度切入。

現在，**來看多巴胺（dopamine）與腎上腺素（adrenalin）這兩種荷爾蒙，不僅可使我們更有效率地工作或生活，還可以為我們增添生活色彩**。

前面提過的血清素，是幸福荷爾蒙。而腎上腺素是激發與產生能量的激素，多巴胺是負責愉快及酬賞作用。

多巴胺、腎上腺素，還有正腎上腺素（norepinephrine），三者屬於兒茶胺類

（catecholamine）神經傳遞物。從人體合成這些荷爾蒙的順序來看，多巴胺最先形成，再來是正腎上腺素，最後形成腎上腺素，順序如圖1。

六十年前左右，醫學界原本認為這些荷爾蒙沒什麼作用，視為一般的生理物質。荷爾蒙的存在雖然早已證實，但當時並不認為荷爾蒙的平衡對人體有什麼影響。

到了一九六零年代，科學研究證實，腦部含有大量多巴胺，尤其是在大腦基底核（伏隔核）含量最豐富，其次是腎上腺。因此推測多巴胺對大腦「有特殊作用」，於是世界各地紛紛展開各種研究。

愉快的感覺，是受到快感荷爾蒙——多巴胺的作用。由於多巴胺具有快感的作用，因此又被稱為「腦內啡」。哈佛大學動物研究已經證實，當大腦停止分泌多巴胺，動物會停止進行熱衷的活動。

除此，多巴胺還與一些重大疾病有關。這些重大疾病有憂鬱症、帕金森氏症等。

帕金森氏症最早由一位英國醫師帕金森（Dr. James Parkinson）於西元一八一七年，首次於醫學文獻中報告，有四位病患症狀為四肢及軀體顫抖、僵硬、行動緩慢。帕金森氏症的原因，認為是位於組成大腦基底核的黑質緻密部的多巴胺神經元（神

圖1　兒茶酚胺荷爾蒙的生合成

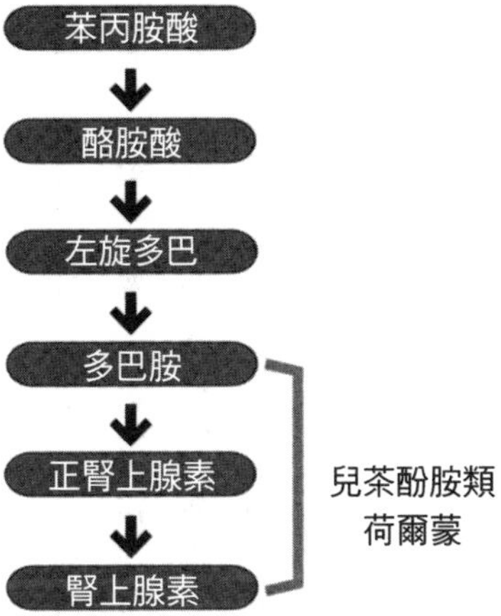

經細胞）受到損傷的緣故。

神經元受損的結果，讓多巴胺的釋出量減少，進而使得身體的作用遲緩降低。我們已經知道，多巴胺會隨著老化而減少，對運動、動作有極大影響。

人們有意識地做什麼，或是有意識地不做什麼，所有行動的背後都有動機（motivation）。多巴胺就是連結動機與活動的荷爾蒙。我們活動的時候，多巴胺會增加，使我們覺得更想動。但我們不活動，多巴胺會減少，所以會更不想動。

當我們想要進行某種活動，多巴胺神經元必定會活化。我們在日常生活中適應生活環境，就是每天的基本活動，是透過反覆學習，適應環境的訣竅。

多巴胺是人類學習的強化因子。

我們體內的多巴胺**經由各種學習，形成「習得酬賞機制」，也就是「種瓜得瓜，種豆得豆」**。因此多巴胺是「酬賞荷爾蒙」。

如何增加多巴胺

多巴胺與老化的關係非常密切。

人類的年齡每增加十歲，平均會有10%左右的多巴胺神經元死亡。

有個統計假設二十歲的人體內有100%多巴胺神經元，經過八十年，成為百歲人瑞，這時多巴胺神經元幾乎全部死亡，所有人都會出現帕金森氏症。而一般人如果腦部減少20%多巴胺神經元，就會出現帕金森氏症的症狀。

八、九十歲的高齡者，動作會變得不靈活，這是一種自然的老化現象。由於多巴胺減少，發生帕金森氏症的可能性增加。

相反的，四、五十歲或六十歲，這時雖然多巴胺神經元會隨著年齡增加而減少，但份量還足夠。

做一件事能得到獎勵，讓腦部感測到酬賞，可增加多巴胺。

做了使心情愉快的事情，腦部會學習到「這樣做很快樂」。

用功讀書，吃甜食。達成目標，到想去的地方。整天辛勤工作，晚餐暢飲啤酒。生活雖然很單純，但這樣的學習活動循環，可以讓多巴胺增加。

做一件事，會得到愉快的報酬。

如果某種體驗會讓腦部感到愉快，腦部就會學習到「快樂循環」。

應用這個原理，每個人都可以讓多巴胺分泌增加，因此多巴胺是可以自行調節的荷爾蒙，但是其他荷爾蒙則不可以。

我想大家都知道，健走對身體健康的益處，**有報告指出，走路能增強人體的鈣代謝，使鈣充分供應腦部，有助於產生多巴胺**。

但是運動不要過度，以免造成負面的運動傷害。

此外，新的刺激，例如一輩子從未經驗過的狀況，第一次到國外旅行，與很想見的人見面，或是造訪很想去的店，到新領域進行探索等，這些「第一次的經驗」都能刺激多巴胺的分泌。

增添人生色彩，
使生活多采多姿。
這麼做可以活化荷爾蒙。

生活多采多姿，促進荷爾蒙分泌

我想，畢竟還是有人覺得，世界上所有的事都沒有興趣。

我想對這樣的人說幾句話。

現在開始還來得及。請務必找出一個興趣，無論這件事再小、再沒有意義，都沒關係。只要是能讓自己喜歡的東西，或喜歡的事，通通都可以。

只要不對其他人造成麻煩，什麼都可以。雖然沉迷於網路不太好，可是利用網路參加各種交流活動，能擴大生活空間，增加刺激。

如果不能使腦部持續進行學習，無法得到多巴胺的酬賞，會使學習欲望降低，破壞學習循環。

因此，要讓生活變得多采多姿。

生活中的刺激變多，不僅可以促進多巴胺活性，還可以連帶活化白天作用的血清素、催產素（oxytocin），睡眠時期作用的生長激素、褪黑激素，或是雌激素、睪固酮等性荷爾蒙。

過著促進多巴胺分泌的生活，交感神經與副交感神經的作用，也會變得更加平衡。

但如果過度運動，過於在乎勝負，這樣會累積壓力。人體受到過度壓力，會分泌皮質醇這種壓力荷爾蒙，反而造成身心疲乏。只有適度的刺激，才會活化多巴胺。例如，雖然比賽輸了，可是參加者還是覺得心情愉快，這樣就是大量分泌多巴胺的結果。

前面提過，走路、健走，也有助於多巴胺的分泌。

因此我們可以想像，例如在登山或走路的時候，改變路線或地點，可以給予大腦新的刺激。或者到沒去過的地方旅行，也是一種刺激多巴胺分泌的方法。

平淡無奇的生活，不會刺激多巴胺分泌

這裡有一個事實，希望各位讀者能多加注意。

「如果生活步調很單調，每天重複同樣的循環，不會有多巴胺酬賞」。

多巴胺是在活動後所啟動的獎賞，得到的快樂是暫時的，如果生活一直重複同樣的循環步調，大腦判斷這樣的活動並不令人愉快，此時，腦部會漸漸停止學習。因此單調的作業，不會產生酬賞。

交感神經必須活化，才會將行動所產生的結果，視為一種刺激。

就工作而言，計畫順利進入軌道，是行動的結果，屬於刺激；時花惹草，植物開花，也是有結果的刺激；辛苦了一年，放年假去海外旅行，都是一種刺激。

但是刺激不會天天有，平日的生活總會有平淡的時候。

不妨自行設定小目標。

做到某個程度就休息，休息的時候，吃愛吃的食物，聽喜歡的音樂，瀏覽喜歡的網頁，做什麼都可以。設定做到某個程度，就做自己想做的事，在生活中製造變化，轉換心情，使生活變得多采多姿。

甚至興趣發展一段時間，可以舉辦一場成果發表會。

在生活中設定各種小小的挑戰，產生某種程度的緊張感，可以體驗到無以言喻的快感和快樂。這正是得到酬賞的感覺。

在學生時期，進行棒球或足球等運動的練習，是為了比賽，比賽可以提升練習效率，繼續前進，則可以進入職業領域。當然，運動並非只是為了成為職業選手，但成為職業選手，的確是酬賞的一個結果。

設定小目標，例如為了考試或取得證照而用功讀書，進行的時候行動很單調，成果遙遙無期。這時可以設定一段時間，若在期限內達到某種成果，就可以得到酬賞，這樣可使單調的工作產生變化，效果也比較好。

利用多巴胺特性，把不喜歡的事做好

多巴胺雖然可以為我們帶來快樂，但是如果多巴胺分泌過多，反而會造成情緒低落。

多巴胺過多，可能會導致我們過度沉迷或上癮，反而迷失了自我。

例如，賭博會使多巴胺暫時大量分泌，使我們得到快感酬賞，但長期賭博持續緊張狀態，會造成多巴胺分泌疲乏，身體反而會失去動力，腦部也喪失判斷力。有報告指出，多巴胺過剩，會造成人體出現各種異常行為，包括幻覺、幻聽等。

一個人愛吃什麼就吃什麼，這樣的自由很快樂，但其實裡面有陷阱。

吃東西的時候，如果分泌過多的多巴胺，有許多案例顯示，往往會導致飲食過量。俗語說，吃飯八分飽，就是從經驗得知，飲食過量不但對身體沒有益處，反而有壞處。這個結論近來在健康研究中，也獲得科學證實，避免造成暴食症，防患於未然。

相反的，如果多巴胺降低，身體會變得行動遲緩，僵硬萎縮，做事有氣無力，甚至會感受不到喜悅，陷入負面的憂鬱情緒循環。

這時，對於外界的關心也會降低。不管發生什麼事，都覺得「隨便啦」。不僅欠缺對周遭事物的關心，也會缺乏動力。因此多巴胺過多過少都沒有益處，適度分泌最為理想。

要促進多巴胺適度分泌，可以做一些自己喜歡的事，或是多嘗試新的經驗，因此，可利用多巴胺的特性，設定組合「不喜歡做的事」和「喜歡做的事」，讓自己既能完成工作，又能使多巴胺適量分泌。如下：

- 持續一週的肌肉訓練和健走（⇓達成則可以去泡溫泉）
- 要吃有營養但不喜歡的食物（⇓達成可以選喜歡的食物來吃）
- 主動與不對盤的人攀談（⇓達成可在週末買自己想要的東西）

有些人過著宅居生活，到最後漸漸地連煮飯吃都覺得很麻煩。假如到了這種程度，表示你體內荷爾蒙分泌已經瀕臨危險。如果連吃東西都覺得麻煩、討厭、痛苦，更應該事先做一些設定，讓自己會有期待。請找一些自己喜歡的事，有興趣的東西，安排組合一下，提振情緒。

在平凡平淡的生活，做一些調整，能重新提高多巴胺的分泌，讓一蹶不振的精神慢慢恢復。

想要發揮腎上腺素的作用，
提高專注力、判斷力，
關鍵在於「轉換」。

專注力的荷爾蒙

腎上腺素與「轉換」

腎上腺素與多巴胺屬於同一類快感荷爾蒙族群，當我們的身體感受到危險等狀況，交感神經會傳達「危險」的指令給腎上腺，使腎上腺髓質分泌腎上腺素荷爾蒙，用來應付壓力。

正腎上腺素則是由大腦和交感神經末梢分泌，影響腦部的運作。這兩種荷爾蒙都是在生命遭受危險、感到憤怒、湧現不安情緒的情況下，在大腦要求專注力並需要判斷力時發揮作用。

但是，腎上腺素與正腎上腺素，兩者還是有很多差異。腎臟的腎上腺，分泌腎上腺素，在人體血液中循環，傳送刺激的訊號到各器官組織；而正腎上腺素則是一種大腦分泌的神經傳遞物質，在大腦中運作。

當然，由於血液循環全身，腎上腺素會被運送到腦部，而正腎上腺素也會被運輸送全身，但兩者主要的作用卻有差異。

對於「刺激交感神經的活化」，這兩種荷爾蒙具有很重要的作用。

為了提高專注力、判斷力，有必要讓腎上腺素或正腎上腺素適當地發揮作用，才能刺激交感神經的活化。

這兩種荷爾蒙如果一直處於ON（打開）的狀態，會自然促進分泌皮質醇。皮質醇的分泌，會解除交感神經活化所引起的壓力，但如果皮質醇分泌過度，會引起血壓上升、血糖上升、免疫力降低等狀況，對全身漸漸產生不良影響。

荷爾蒙對於人體的影響，關鍵在於「轉換」。

狀況的轉換、情緒的轉換，各種情形的轉換，迅速而不拖延，腎上腺素或正腎上腺素就會適度分泌。當這兩種荷爾蒙適度地分泌，即可展現強大的專注力。

如果荷爾蒙的分泌超過限度，反而會對身體造成傷害。發揮專注力，如果太過高亢，人體必須意識到過度的壓力，因此要轉換、放鬆。

如此一來，才能避免作用過度而引發不良連鎖反應。無論作用是正面還是負面，荷爾蒙都會產生相輔相成的協同作用。

腎上腺素的分泌，必須有酪胺酸（一種必需胺基酸）。攝取高蛋白質食物，例如雞肉、大豆、海鮮類等食物，可攝取足夠的酪胺酸，產生腎上腺素。

如果攝取含有酪胺酸和大量含有色胺酸（也是一種必需胺基酸）的食物，會比只含有酪胺酸和碳水化合物的食物，更可以促進酪胺酸的吸收。有研究結果指出，當碳水化合物和酪胺酸一起攝取，碳水化合物會抑制酪胺酸往腦部移動的路徑。

色胺酸除了製造腎上腺素和正腎上腺素，也是建造血清素的基本物質，與酪胺酸兩者一起攝取，可促使酪胺酸送往腦部，可以自然促進腎上腺素的分泌。富含色胺酸的食物有：優酪乳、起司、牛奶等乳製品，大豆類製品等，不妨多加攝取。

飲食細嚼慢嚥，
量要少，
可促進荷爾蒙分泌平衡。

控制食慾
荷爾蒙

控制食慾的瘦素，增進食慾的飢餓素

人類的生存，有一個不可欠缺的要素就是食物。提到與食慾相關的荷爾蒙，馬上會令人聯想到瘦素（Laptin）和飢餓素（Ghrelin）。

瘦素在肥胖基因的研究過程中發現，是由脂肪細胞所製造釋出的蛋白質分子，具有荷爾蒙功能，能控制食慾（抑制肥胖），又名瘦體素、肥胖回饋荷爾蒙，是一種新近發現的荷爾蒙。

飢餓素則是一種由胃部分泌的荷爾蒙，具有促進食慾或分泌胃酸的功能。**三餐定時定量，生活正常規律，注意釋放壓力，這樣的生活習慣能促進瘦素的分泌**。壓力增加，瘦素會減少，連帶使我們難以控制食慾，所以有些人會變成「大胃王」。

吃下甜食等糖分含量高的零食甜點，會造成進食中樞（feeding center）作用混亂，連帶使瘦素的分泌也隨之混亂。

因此，盡可能早、中、晚，三餐定時定量，吃的時候注意不要過量，更要減量或粗食，讓瘦素的分泌正常化。

可能有人會覺得，既然瘦素會變瘦，飢餓素會變胖，所以讓瘦素多分泌，飢餓素少分泌，不就行了？但荷爾蒙的作用並不是這麼單純。飢餓素還另有促進生長激素的作用。

前面提過，生長激素除了促進人體生長發育，還對中高齡層等，有各時期階段性的重要功能。當一個人遭遇強烈壓力，飢餓素的分泌會降低，這時別人可能會覺得「怎麼好像煩惱很多，一點食慾都沒有？」

瘦素和飢餓素，對我們的飲食生活扮演著非常重要的角色，因此稱為「控制食慾荷爾蒙」。

吃飯為何要咀嚼三十次？

關於飲食，有一點需要大家注意調整。

瘦素和飢餓素這兩種與食慾相關的荷爾蒙，會隨著年齡增加、容易失去平衡。瘦素和飢餓素，與其他荷爾蒙一樣，研究顯示，會隨著年齡，分泌越來越少。

隨著年齡逐漸增長，有些人會偏食，變得比較喜歡吃肉類，或者暴飲暴食，影響瘦素分泌減少，造成進食中樞（飽食中樞）的作用失去平衡。

原本進食中樞的作用，會在我們飲食過量時，促使瘦素的分泌增加，而在肚子餓的時候，則是使飢餓素增加。這樣會達成一個平衡狀態。

在飲食方面，需要注意配合的是「咀嚼三十次再吞嚥」。

無論吃什麼，請儘量養成習慣，咀嚼三十次再吞嚥。

由於瘦素的分泌速度較慢，吃東西的時候如果狼吞虎嚥，吃得太快，瘦素還來不及沒分泌，血糖值就已經上升。如果這種情況一再發生，將引起糖尿病等生活習慣病。也就是說，錯誤的飲食習慣，的確會導致疾病。這也是「生活習慣病」名稱的由來。

仔細咀嚼三十次，估計吃飯整體時間，一餐大約需要花費三十分鐘。

根據醫師指示，**「細嚼慢嚥」不只是為了幫助食物消化，也是因為使荷爾蒙分泌平衡，有這兩種好處**。

平時員工在公司餐廳吃飯，可能會養成迅速解決的習慣。

如果你也養成了這種習慣，要提醒你「吃得太快會過度消耗胰島素」。

吃飯快速，會在大腦還來不及發出食慾滿足訊號之前，吃下過多的食物，造成血糖快速上升。這樣一來，原本作用是調節降低血糖的荷爾蒙——胰島素，會大量消耗。

請記住一個事實：「飲食過量是老化、肥胖、糖尿病的根源」。

飲食過量，血糖會快速上升。身體為了因應這種不正常狀況，會加速分泌胰島素，想要努力降低血糖值，但隨著胰島素的分泌增加，卻會造成身體老化加速，因此胰島素又有老化荷爾蒙的別名。由於胰島素會讓過多的糖分，轉變為脂肪。以結果來說，若胰島素長期過度分泌，會造成身體容易老化，傾向於肥胖、糖尿病等症狀。

希望各位讀者能了解這些狀況，進而調整自己的飲食習慣。

早餐不吃反而會變胖

心理與生理的壓力，會造成食欲不振。

當人體承受壓力，此時交感神經就會受到刺激而活化。副交感神經的作用，會促進食物消化、吸收。若交感神經受到刺激，副交感神經則會受到抑制，造成食慾降低。

除了壓力，還有其他影響食慾的因素。生活習慣混亂，例如長期睡眠不足、運動不足等，造成自律神經功能失去平衡，胃腸的消化系統功能也降低，這些都會發出食慾不振的訊號。

飲食的規律性還有飲食種類與份量同樣都很重要。

早餐不吃，中餐隨便以泡麵或便當打發，晚上和朋友或同事聚餐喝酒，聚餐結束再吃一碗麵，這樣的飲食實在是糟糕透頂。

首先，不吃早餐就是個大問題。

不吃早餐，身體自然會進入節約能量的狀態。換句話說，經過長時間的睡眠，沒有食物進入身體，身體沒有得到能量補充，只好打開保留能量的作用，如此一來反而容易囤積脂肪。

早餐不吃，但整天的飲食量卻沒有減少，造成晚上的飲食量比例變多，多餘的熱量轉變為脂肪儲存，這樣一來更加造成早餐吃不下或是沒有吃早餐的食慾，最後變成惡性循環。

這種情況很像動物在冬天努力補充食物，以累積足夠能量，準備進入冬眠模式。

那麼，如果一樣是一天吃兩餐，但不吃中餐，又會怎樣？

只吃早餐和晚餐，是比不吃早餐好一點。可是，不吃午餐，中間的空腹時間會太長。長時間空腹，等到下一次吃飽飯，人體的生理時鐘會隨之重新設定。這樣一來，人體每天要重新調整節奏，將步調向後延長，結果會導致睡眠不足、睡眠品質降低等。由於空腹時間太長，壓力荷爾蒙——皮質醇的分泌也會增加，對身體造成負面影響。

如果有飲食上的控制需求，我建議採用「卡路里限制法（Caloric Restriction）」。卡路里限制法，飲食充分涵蓋蛋白質、脂質、碳水化合物、維生素、礦物質五大營養素，並且將整體飲食所攝取的卡路里，限制為必需卡路里的70％左右。

根據哈佛大學等單位研究顯示，透過卡路里限制法，能打開長壽基因的開關。因此，各位讀者可以參考並採用這種飲食法。

長壽基因是由我的好友，也是MIT麻省理工大學賈倫提（Leonard Guarente）教授所發現的基因。長壽基因與壽命有關，簡單來說，打開長壽基因的開關，可以使細胞壽命增加。最新研究指出，長壽基因打開，細胞內的核糖體RNA（ribosomal RNA）會維持一定的數量，保護端粒（telomere）而延長壽命。

藉由長壽基因的研究，人類有可能延遲老化的速度。

卡路里限制法雖然還有很多部份尚在研究階段，但基本上是一種不會造成人體細胞負擔的飲食法。如果你經常外食，卡路里攝取過多，不妨試著採用卡路里限制法。

日常飲食，
請攝取
促進長壽基因發揮作用的食物，
以及提高免疫力的食物。

打開長壽基因開關的食物

卡路里限制法的實踐方式，除了要注意維持五大營養素的平衡，一日三餐的攝取也要注意吃七分飽即可。

為了健康，要避免道聽塗說的謠言減肥法，例如只吃某種特定食物的香蕉減肥法、蘋果減肥法等，或是專門不攝取某種特定營養素，例如不吃肉減肥法。錯誤的飲食方式，無法獲得均衡的營養。因此請不要隨便亂吃，飲食一定要均衡。

卡路里限制法有以下三個規則：①**量的節制（粗食）**、②**營養均衡**、③**什麼食物都吃**。

如果難以實踐卡路里限制法，經過研究，已知特別攝取白藜蘆醇（resveratrol）這種多酚類，也能啟動長壽基因。

白藜蘆醇是葡萄酒裡面所含有的抗氧化物質，可除去自由基，已知對癌症或老年癡呆等的預防具有效果。

除了白藜蘆醇，還有其他保護身體老化的多酚類，在以下食物中含有：

- 蘋果
- 綠花椰菜
- 洋蔥
- 大豆
- 可可豆
- 綠茶
- 咖啡

這些都是具有高抗氧化作用的食物。

關於防止老化，有一個簡單的飲食規則是「攝取有顏色的食物」。

色彩繽紛的食物，含有高抗氧化成份。例如，紅通通的番茄，含有茄紅素（Lycopene），橘紅色的紅蘿蔔，是β胡蘿蔔素（β-carotene），鮭魚的橘粉色，是來自蝦紅素（Astaxanthin）。相對地，人工精製的食品，則容易在人體發生氧化。天然未精製的食物，不僅含有豐富的維生素或礦物質，還能降低血液裡的血糖吸收速度。

相信大家都已經知道ＧＩ，這是指食物「造成血糖上升」的指數，使血糖上升越高，ＧＩ就會越高。因此攝取低ＧＩ食物，能夠防止老化，所以要盡量避免吃高ＧＩ食物。

食物越精製，顏色會越白，ＧＩ越高，因此我們吃東西要盡可能選擇非精製的產品。與其吃白米，不如吃糙米，與其吃白麵包，不如吃全麥麵包，不要用白糖，而是用黑糖（紅糖）。還有現代人的一個壞習慣，就是喜歡喝飲料，飲料也含有許多糖份，對人體有害。

植化素提升免疫力

免疫力提升，對於活在各種疾病威脅下的中高齡世代而言，更是一個重要課題。

在此列舉一部分有助於活化免疫力的代表性食物。

【蔬菜類】

綠花椰菜、山葵、高麗菜

【菇類】

香菇、鴻喜菇、舞茸、松茸

【蔥類】

蔥、蒜頭、韮菜、蕗蕎

【黏液類】

納豆、珍珠菇、國王菜、秋葵

【水果類】

蘋果、香蕉、葡萄、鳳梨、西瓜、奇異果

並且少吃高GI食物，盡量選擇攝取低GI值的食物。

以下分別列舉代表性的高低GI食物。

【高GI食物】

馬鈴薯泥、白米、餅乾、巧克力、糖果、玉米、精白麵粉製品（白麵包、義大利麵）、精製白糖

【低GI食物】

糙米、全麥粉、豆類、水果、全麥麵包

以下列舉富含植化素（phytochemical）的食物：

【水果類】

蘋果、芒果、木瓜、鳳梨、藍莓、葡萄、橘子、西瓜、哈密瓜、桃子

【蔬菜類】

綠花椰菜、番茄、紅蘿蔔、蔥、大蒜、韮菜、洋蔥、芋頭、菠菜、南瓜、高麗菜、芹菜、歐芹、茄子、西洋菜、青椒、花椰菜、蘆筍、蕪菁

我們所吃的食物，
對於男性荷爾蒙與女性荷爾蒙，
都會產生很大的影響。

使皮膚美麗的異黃酮

近來，食物當中特別受到矚目的，是水果類的蘋果，蔬菜類的綠花椰菜這兩種食物。

蘋果除了含有豐富的多酚類等植化素，還富含大量食物纖維、維生素C。吃蘋果請仔細清洗，吃的時候不要削皮，連蘋果皮一起吃，因為蘋果皮正下方含有最多的植化素。

綠花椰菜也不遑多讓，含有至少兩百多種植化素。並且還有豐富的鉻、鐵等礦物質，有助於分泌胰島素，還有維生素C、食物纖維等。番茄也含有豐富的植化素，根據哈佛大學研究顯示，番茄具有抗癌作用。

以下是抗老化作用的七個飲食原則：

①正餐一天三次。
②吃飯時間要定時規律。
③主食、主菜、配菜比例為「三、一、二」。
④蔬菜一天攝取三百五十公克以上。
⑤攝取優良蛋白質。
⑥攝取水果。
⑦攝取富含抗氧化物質的食物。

食物對於男性荷爾蒙、女性荷爾蒙的作用，有很大的影響。

在我們睡眠時期努力工作的免疫力強化荷爾蒙——褪黑激素，是來自於在我們清醒階段所產生的血清素，而製造血清素的材料是色胺酸。由於我們的身體無法合成色胺酸，因此必須攝取含有大量色胺酸的食物。

富含色胺酸的食物有全麥製品、牛奶、大豆製品、芝麻、核桃、花生、起司、肉類、鮭魚等。另外，香蕉含有一種「類褪黑激素」物質（具有類似褪黑激素生理作用的物質），也可以多吃。

雌激素又被稱為「皮膚美麗荷爾蒙」，有助於雌激素分泌的食物，是大豆、豆腐、豆漿、香菇、味噌等。

這些食物都含有豐富的異黃酮，對雌激素分泌有幫助。

雌激素具有維持皮膚光澤及皮膚溼潤度，懷孕，增加膠原蛋白（一種蛋白質，是皮膚膠原的主要成分），維持髮質潤澤等功效。

由於雌激素也會隨著年齡增加而減少，因此對於保持青春，可說是佔有一席重要地位的荷爾蒙。

在此所介紹的食物，有助於性荷爾蒙一部份的分泌，如果不喜歡吃這些食物，就要藉由適當運動或調整生活習慣，才能有助於維持性荷爾蒙的分泌和功能。

荷爾蒙可以解除腰痛、膝蓋痛

圖2 超級荷爾蒙DHEA

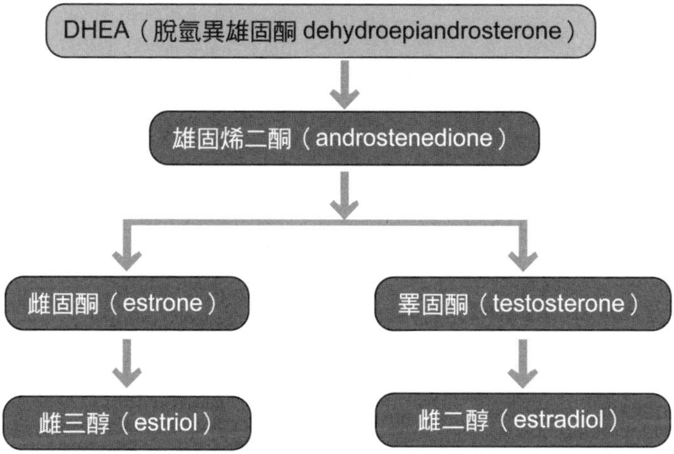

DHEA（脫氫異雄固酮 dehydroe-pi-androsterone）是人體最多量的固醇類荷爾蒙，能轉化成為男性荷爾蒙與女性荷爾蒙。

DHEA有抗老仙丹、荷爾蒙之母、超級荷爾蒙、青春激素等別名。

DHEA是抗老化荷爾蒙，和雌激素或雄激素一樣，具具有重返青春功能的固醇類荷爾蒙（Steroid hormone）。DHEA會衍生五十種以上的荷爾蒙，所以有超級荷爾蒙（圖2）之稱。

我們的身體，從早上起床開始活動，DHEA便擔負著重責大任。

DHEA的作用包括：強化肌肉、穩

定產生性荷爾蒙、維持礦物質平衡、擴張血管，還具有預防老化的作用。由於運動可以促進DHEA的產生，必須增加一定程度的肌肉，可有助於DHEA的分泌。

而且，性荷爾蒙的作用活躍，抗氧化作用也會跟著活躍。

主要的女性荷爾蒙——雌激素（estrogen），可以防止骨骼老化（骨質代謝活化），或防止動脈硬化，促進輸卵管發育等，具有非常重要的功能。從維持生物體恆定的意義來看，性荷爾蒙作用活躍者的身體，會比荷爾蒙作用不活躍者，維持更良好的平衡。

許多女性都有腰痛、膝蓋痛等困擾，這些問題可以藉由提高雌激素量，來解決這些問題。

但是，如果人體的雌激素量增加過多，會影響女性的月經週期，破壞雌激素與黃體素（progestrone）之間的平衡。雌激素與黃體素是影響女性月經週期的兩個主要激素。

雌激素與
黃體素

雌激素的平衡

隨著女性年齡逐漸增加，雌激素分泌減少，還會造成另一個問題，就是變得比較容易罹患骨質疏鬆症。

為了治療骨質疏鬆症，醫師會投予病人雌激素，事實上在此階段雌激素漸少，對這個時期的女性身體，也具有必要的功能，原本雌激素減少是隨著年齡增加的正常情況，此時補充雌激素，反而可能造成其他問題。

舉例來說，當雌激素增加過多，會刺激乳腺（產生母乳的乳房組織），造成乳腺過度發育。

體內的雌激素提高，會使乳腺發達，結果卻引起乳癌案例增加。美國醫學界已經有報告指出，投予雌激素給女性，的確會造成乳癌患者增加。

雌激素具有使皮膚美麗的荷爾蒙之稱，而黃體素則會讓皮膚狀態變差。

黃體素也是一種固醇類激素，會增加皮脂（面皰增加），促進黑色素形成（形成美容大敵的黑斑），皮膚變浮腫，心情焦慮不安，憂鬱等，看到這些作用，會令人覺得黃體素似乎是沒有用的荷爾蒙。

不過，想要調整規律的月經週期，適度地抑制雌激素的作用，就不能沒有黃體素。

雌激素與黃體素的交互作用，就某種度而言，有點像自律神經的作用。

自律神經的作用，在於交感神經與副交感神經的平衡。

白天交感神經的功能活躍，使身體充滿活動力，夜晚優勢作用的是副交感神經，負責修補白天的細胞損傷，但如果為了修補身體組織，想要讓副交感神經一直處於優勢作用，這樣一來反而會破壞自律神經的整體平衡。

荷爾蒙的平衡，也如自律神經一般，如果有哪一種荷爾蒙作用過度，都一定會引發弊害。

只是，雖然自律神經的平衡非常重要，但是在懷孕的時候，卻需要大量的黃體素發揮力量。

月經週期使女性的身體可以調節子宮狀態，調整人體水分，使身體變得適合懷孕。

荷爾蒙在重要時刻，會發揮重要的作用，這是荷爾蒙的一大特徵。

如何保持性荷爾蒙平衡

基本上，荷爾蒙必須要保持整體平衡。

人體每一種荷爾蒙都具有特殊的作用，但是想要促進人體的某種作用，並不是只使某種荷爾蒙增加，或是讓某種荷爾蒙減少即可，荷爾蒙的作用並沒有這樣單純。

抗老化荷爾蒙，必定會隨著年齡增加而減少。若因為荷爾蒙減少，就任意吃藥補充，會有荷爾蒙失去平衡的危險性。

①如果荷爾蒙已經減少，必須有效利用體內僅有的荷爾蒙（改善生活習慣）
②如果荷爾蒙已經減少，盡可能防止體內荷爾蒙進一步減少（重新檢討生理時鐘和生活習慣）

這兩點尤其對於荷爾蒙已經失去平衡的中高齡層，更是有必要。

接下來要注意的是雌激素。

雌激素具有活化骨骼代謝（促進骨質吸收）的作用，也有調整血液循環順暢的作用。雌激素還能促進皮膚細胞的新陳代謝，因此有使皮膚美麗的荷爾蒙之稱。

雌激素與黃體素的作用相反，兩者在月經與懷孕時期成對出現，互相產生影響。雌激素與黃體素的週期性增加或減少，會使得女性出現每個月的生理週期。

雌激素會使讓身體展現女性化的曲線。

黃體素則具有控制水分或影響食慾的作用。

因此，當黃體素增加，食慾隨之增加，面皰也增加。身體的變化表示荷爾蒙正在調節的證據。

四十歲、五十歲、六十歲，各年齡層的女性漸漸感到衰老，對這些嘆息不已的女性來說，很希望雌激素能加加油。

可是從三十七歲前後開始，女性的卵巢功能降低，雌激素分泌也跟著降低。從四十歲中期開始，雌激素的分泌量更加減少，到五十歲左右，卵巢完全不再分泌雌激素，出現停經等更年期狀況。

如此一來，由於雌激素減少，女性身體的睪固酮，也就是男性荷爾蒙，會慢慢顯現優勢作用，導致女性身體變得男性化。可能這時有女性會煩惱，鬍子怎麼好像長出來了，頭髮怎麼好像稀疏了？這是因為女性身體原本睪固酮的作用。

接下來，女性到了五、六十歲以後，罹患骨質疏鬆症的風險更會增高。

我們的骨骼，大約每五年會全部換過一輪。骨骼中有造骨細胞，還有破骨細胞。造骨細胞是製造骨骼的細胞，破骨細胞則是吃掉骨骼的細胞。一種隨時在製造，另一種則隨時在破壞，這就是骨骼的代謝。因此，如果你認為骨骼終生不變，實在是大錯特錯。

雌激素的作用，可使製造骨骼的細胞提高活性。這就是為什麼盡可能改善生活習慣，使雌激素減少的影響降到最低，如此就能降低骨質疏鬆症的風險。

但女性停經以後，腎上腺仍會產生少量的雌激素。

由於製造雌激素的材料是脂肪，如果女性身體的脂肪較少，雌激素產生量也會跟著減少。

女性注意檢討生活習慣，不要過度減肥或飲食不正常，導致身體體脂率過低，有助於維持雌激素的分泌正常。藉由重新檢視生理時鐘和生活習慣，可以幫助維持性荷爾蒙的平衡。

幸福荷爾蒙、
女性荷爾蒙、
抗老荷爾蒙，
三者齊心協力，增進青春美麗。

幸福荷爾蒙、女性荷爾蒙、抗老荷爾蒙

戀愛會使人變美麗，原因在於荷爾蒙

除了調整飲食或睡眠週期，談戀愛或有心動的感覺，也會促進荷爾蒙活化。雖然科學尚未證實女性荷爾蒙——雌激素與戀愛有直接關係，但我們已知，戀愛時期，血清素和多巴胺的確會大量分泌。

血清素被稱為幸福荷爾蒙，白天人體會分泌血清素，可以緩和各種壓力，讓人覺得生活很充實。

血清素的正常分泌，會直接影響褪黑激素的分泌正常化，讓我們在晚上獲得充分的睡眠。生長激素及褪黑激素，兩者相輔相成，可使我們的身體在睡眠時期得到修補，整個人容光煥發，變得更加美麗。

血清素和多巴胺大量分泌，感情會變得更豐富，主掌情緒的腦部下視丘也更加活化。由於下視丘是人體掌管雌激素分泌的部位，所以下視丘的活化也會讓雌激素分泌更順暢。

這樣可以使月經週期變得規律化，發揮雌激素正常作用，皮膚、頭髮都會顯現光澤。

這就是女性荷爾蒙的「正面循環」。

- 幸福荷爾蒙：血清素
- 女性荷爾蒙：雌激素
- 抗老荷爾蒙：褪黑激素＆生長激素

這些荷爾蒙是對抗老化，健康美麗的最重要組合，比任何美容產品或健康產品，都更能使人體發揮最強大的效果。

因此，使人體發揮最強大的效果，並非只靠單一雌激素的分泌，必須有各種荷爾蒙的合作，才能真正達成健康與抗老化。

即使沒有談戀愛的對象，假如有喜歡的偶像或運動選手，看到特定對象就會心情愉快，這種情況也能使女性荷爾蒙產生正面循環。

也就是說，最好每天都要有「心動的感覺」，使生活豐富有變化。

菸酒有礙荷爾蒙作用

請問各位讀者，聽到膽固醇，你會聯想到什麼呢？肥胖的根源，高血脂症或動脈硬化的原因等，相信許多人印象裡都認為膽固醇是「壞東西」吧。

其實，膽固醇也是脫氫異雄固酮DHEA、性荷爾蒙等的主要原料。令人意外地，有很多人都不知道這個事實。

如果人體的膽固醇減少太多，DHEA和性荷爾蒙的分泌就會不順利。

膽固醇是由肝臟產生，可是過度飲酒或生活習慣很差，會使肝功能降低，膽固醇就無法順利製造，結果DHEA和性荷爾蒙的分泌，也會受到影響而隨著減少。

所以，膽固醇並非只有壞的一面，也具有身體必需的好的一面。順帶一提，雌激素會讓好膽固醇增加，使得血液循環正常化。

另一方面，從荷爾蒙的角度來看，抽菸實在是百害而無一利，是一種非常不好的行為。

當一個人養成抽菸的習慣，負責將荷爾蒙送到全身細胞的微血管會收縮，因此就算荷爾蒙的分泌正常，供應這些物質的管道受損，荷爾蒙無法到達人體組織，當然就無法發揮正常功能。

即使荷爾蒙的分泌正常，結果卻因為抽菸而阻止荷爾蒙產生作用，抽菸對人體的傷害又增加一筆。唯有**血管、自律神經、荷爾蒙共同合作，才能確實發揮荷爾蒙的力量**。

壓力是荷爾蒙分泌的最大敵人

男性主要的性荷爾蒙——睪固酮，會使男性出現體毛增加，肌肉變多的身體變化，個性也會變得比較權威，具有領袖氣質，身心都展現雄糾糾的氣概。

睪固酮分泌量較低的男性，外表到個性都會傾向於女性化，變得比較柔和。這是由於雌激素比例逐漸增加所造成的，會使男性各方面變得比較中性化。

然而，男性有女性荷爾蒙，女性也有男性荷爾蒙。

男性的雌激素，是以睪固酮為材料而生成。女性也有睪固酮，如果睪固酮的作用變得比較明顯，就會造成所謂的「肉食女子」，也就是女性出現男性氣質。

尤其是停經以後，由於女性身體原有睪固酮的分泌量，因雌激素減少而變得明顯，女性會快速出現男性化的傾向。

壓力也會讓女性體內的睪固酮增加，由於睪固酮的作用，女性甚至會長出鬍鬚，這也是交感神經作用過剩的證據。在職場努力工作，爭取升職，可是壓力隨之漸漸增加，結果造成睪固酮的分泌變得越來越多。

睪固酮增加的情形，再遇到雌激素隨著年齡而減少，會出現一些負面影響。

增加雌激素的生活習慣，可大致分成以下兩種：

①重新檢討飲食習慣。
②保有女性感情，有戀愛的感覺。

如果能使雌激素不要變得太少，相對地，可以使引起男性化的睪固酮變得比較不明顯。

無論做什麼事，如果做得過份，反而會失去意義。例如因為覺得大豆對人體很有益，所以飲食常吃大豆，三餐都是大豆，反而排擠攝取其他許多營養素。

此外，心情焦慮，壓力會累積，對荷爾蒙的分泌也有妨礙。

我在前面寫的是「女性感情」，指的是雌激素減少的影響，而相對於男性的睪固酮來說，睪固酮減少則是會影響「男性感情」。

睪固酮減少，會出現失去行動力、失眠、焦慮不安，還會出現男性更年期特有的腰痛、肩膀僵硬、耳鳴、熱潮紅等症狀。

維生素和礦物質等必需營養素，都是增加睪固酮等男性荷爾蒙的營養素。飲食種類豐富多元，可補充男性荷爾蒙。

戀愛的感覺、緊張的感覺等感情變化，都能促進男性荷爾蒙分泌。強烈的緊張感會衍生過度壓力。而閱讀推理小說、看動作片、去遊樂園體驗各種遊樂設施、觀賞令人感動的戲劇，深度思考等，這類適度的緊張感卻是有益的。

荷爾蒙在我們人體內，不知不覺中為我們維護身體。但是，身體環境必須調整到適當狀況，荷爾蒙才會發揮作用。現在我們立刻能做的，是檢視並改善長期累積的不良生活習慣，以發揮荷爾蒙維護身體的作用。

不要隨意服用營養補充品

如果人體的荷爾蒙已經失去平衡，有些人會以為，補充市售營養補充品（Supplement Food）或健康食品，就可以解決這個問題。

不過，從外界攝取補充物，不但沒有幫助，反而可能讓荷爾蒙更加混亂。

在此舉出褪黑激素的例子，幫助大家了解。

在日本，市面上有販售褪黑激素的營養補充品。褪黑激素原本是作為睡眠荷爾蒙，由於具有抗氧化作用，另外有人拿來對抗自由基。

我們了解褪黑激素治療睡眠障礙的原理，不過若長期持續，定期服用，我們的身體會變得「不必製造褪黑激素，因為會從外界得到補充」，造成人體褪黑激素生產能力降低。

營養補充品到底是從外界攝取的物質，實在不應該太過依賴。

還記得嗎？荷爾蒙無法單獨作用。

某種荷爾蒙會影響另一種荷爾蒙，被影響的荷爾蒙，又會去影響另一種荷爾蒙，就像是傳話遊戲一樣，一個傳一個。因此，只選用某種荷爾蒙來吃，會造成這種荷爾蒙的作用特別強，連帶引起其他荷爾蒙失去平衡，結果對身體造成負面效果。

吃褪黑激素營養補充品，短期還是會有效果。

關於褪黑激素的作用，最具代表的例子就是可以調整時差。如果有往來不同時區的需要，例如搭乘長途飛機，有時無法快速調整時差，為了讓生理時鐘恢復正常，就可以考慮服用褪黑激素。以日文棒球術語來說，叫做「中繼」*，褪黑激素可以在短時間內發揮作用。

*編按：中繼——棒球術語，指接續先發投手，繼續投球的投手。

發揮荷爾蒙力量的生活習慣

□如果用功讀書，休息的時候就可以吃甜食。達成目標，就可以去想去的地方。努力工作一天，晚餐喝一杯啤酒犒賞自己。讓大腦感受酬賞機制，可以增加多巴胺的分泌。

□到訪沒有去過的地方，到新的餐廳吃飯，體驗未曾做過的事等，逐漸得到「新體驗」。

□找到某個自己熱衷的事（興趣）。

□早、中、晚餐，三餐定時定量，吃七八分飽（多吃粗食）。

□養成咀嚼三十次的習慣。

□抗老化「七大飲食原則」。

①正餐一天三次。②吃飯定時，正常規律。

③主食與主菜、配菜比例為「三、一、二」。

④每天攝取蔬菜350公克以上。⑤攝取優良蛋白質。

⑥要吃水果。⑦攝取高抗氧化力食物。

□談戀愛，喜歡某人某事，都能促進荷爾蒙活化。

□讀推理小說，看動作影片，去遊樂園體驗遊樂設施，觀賞感人的戲劇等，體驗適度的緊張感。

第3章

養成好習慣，發揮荷爾蒙極致力量

負面思考，會減損荷爾蒙。
正面思考，則有利荷爾蒙。

▼思考篇

溝通的荷爾蒙

其一

正面思考，促進荷爾蒙平衡

促進荷爾蒙平衡的秘訣是什麼呢？

首先，**生活要有規律**。

荷爾蒙的分泌量與分泌週期，會隨著生理時鐘而變化。生活不規律，總是夜不歸宿，或是一天只吃一兩餐，甚至相反地整天吃個不停，這麼做會破壞生理週期，當然荷爾蒙也跟著失去平衡。

每天在同一時段起床，睡覺。三餐飲食攝取均衡。適度運動。這種規律的生活，可造就規律的生理週期，可形成良好的人體環境，讓荷爾蒙易於在正確時間發揮作用。也許有人會覺得，要做到良好的規律生活，是件很困難的事，但也有人會覺得根本小事一樁。請讀者不妨嘗試從容易達成的事做起。

再者，**將感情或想法帶往美好的方向，也很重要**。

感情或想法的負面性或正面性，會有影響。

有一種荷爾蒙稱為催產素。

催產素又被稱為「溝通荷爾蒙」、「愛情荷爾蒙」。例如當一個人過著促進分泌催產素的生活型態，社交性和態度積極化，對於社會的態度，變得更正面。可使個人獲得幸福感，因此會減少壓力所帶來的焦慮不安情緒。

造成負面思考的原因，可能有很多種，但如果一個人總是習慣把事情都往壞處想，會增加心理負擔，刺激交感神經，增加壓力荷爾蒙。這正好與溝通荷爾蒙——催產素的作用相反。

壓力荷爾蒙增加，幸福荷爾蒙或快感荷爾蒙都會被抑制，所以身體整體的反應，會被引導朝向負面作用。

相反地，當一個人面對事情都正面思考，血清素等幸福荷爾蒙的分泌增加，壓力會受到抑制，態度會變得親切，整體來說引導往美好的方向前進。並且會適度分泌皮質醇，抑制自由基，對人體而言負面因子減少，荷爾蒙效率更為提升。

因此，負面思考，實在最會減損荷爾蒙。

如果老是悶悶不樂，受到很大的壓力，這時會大量分泌皮質醇。雖然適度分泌皮質醇是好事，可是如果大量分泌皮質醇，反而會造成血糖上升，免疫力降低，結果會對DHEA的分泌產生負面影響。這就是減損荷爾蒙的機制。

前面曾經解釋過，DHEA是重要的抗老化荷爾蒙，不僅是防止老化、維持青春的重要荷爾蒙，也是人體超過五十種性荷爾蒙的源頭。因此，要注意不要減損DHEA，這樣也才能連帶使其他荷爾蒙正常運作。日本和美國的研究結果顯示，人體所分泌的DHEA越多，壽命越長。

因此，不作負面思考，也是為了讓重要荷爾蒙能順利發揮作用，不容易老化。

其二 幸福荷爾蒙與自律神經

既然催產素會讓人正面思考，我們是否有辦法增加催產素的分泌？

當然可以。

最簡單的方法，就是與家人或親密的人「快樂過日子」，增加愉快的時光，就是讓催產素分泌增加的秘訣。甚至與親密的人或關係好的人有肢體接觸，藉由具體的感情表現，更能增加催產素。另外，以親切、誠摯的感覺與人交往，也可以增加催產素。

但如果是沈迷於遊戲電玩或電影的虛擬世界，對於催產素的分泌是沒有幫助的，這是因為在這樣的情況下沒有與其他人真實交流，所以並沒有效果。

催產素雖然有溝通荷爾蒙之稱，更是女性特有的荷爾蒙。

催產素會讓子宮收縮、分泌母乳。催產素在生產後的女性腦部分泌，會促進女性的身體合成、分泌母乳。

最近的研究使我們知道，男性也會分泌催產素，所以催產素不僅在女性的身體發揮作用，也會對男性的身體產生作用。

市面上充斥著各種受到各年齡世代歡迎的遊戲，如對打型遊戲或戀愛遊戲等所謂的二次元世界娛樂，不過，這些都不能促進催產素的分泌，唯有人與人之間真實的社交活動，才有助於催產素的分泌。就這一點來看，催產素的確具有溝通的特點。

家庭團聚時刻，與戀愛對象共處，與親朋好友歡度等等，這些時刻，都會促進催產素分泌增加。

白天產生優勢作用的交感神經，夜晚則由副交感神經佔優勢，但如果交感神經與副交感神經兩者的「振幅」很大，以抗老化的角度來說，是一種不太好的狀況。

這兩種自律神經的作用，每天不一定有明確的變化時期。

自律神經作用的時間帶，會在非常短暫的時間內，由一種轉變為另一種。實際上，交感神經與副交感神經的變化，並不是像雲霄飛車那樣上下劇烈起伏。即使交感神經進行優勢作用，副交感神經的作用也不是零，仍是有作用的。我們身體的自律神經，其實是維持微妙的平衡。

甚至在白天的時間帶，即使因為開會、討論、交涉等行動，交感神經具有高度作用，自律神經的平衡偏向交感神經占優勢，在這種狀況下，副交感神經還是有一點點作用。因此，讓神經「放鬆」的想法，會有很大的影響。

關於人體荷爾蒙或自律神經的調節，許多大聯盟選手、職業棒球選手、足球選手等都會採取這些建議，能將這些建議付諸實行的選手，都有非常活躍的成績。

這些成功的運動選手，平常就注意自己的行動和想法，以提升幸福荷爾蒙的分泌，並配合最重要的自律神經活動。將荷爾蒙與自律神經的作用調整為最佳平衡狀態，就能發揮最佳成績。

其他運動競技，一些能夠在壓力甚大的國際大會等，獲得好成績的選手，基本上他們都是知道荷爾蒙與自律神經的重要性。

對於運動選手來說，緊張的現場就是大會參賽時刻。對上班族來說，則是到客戶公司開會。對母親來說，是參加小孩的家長會等，**這些場合所受到的壓力，會比平時更大，如果想要發揮自己的最佳能力，平常就要注意幫助幸福荷爾蒙的分泌，**

到了正式場合，還可以提升副交感神經作用，「立刻讓自己放鬆」。

其三 釋放憤怒的情緒

如果交感神經一整天都進行優勢作用，即使到晚上仍無法減緩，並不是好情形。到了晚上，能順利轉換為副交感神經優勢，這樣的變化很重要。自律神經的變化，會受到我們的思考方式、想法、甚至是感情的影響。

例如容易情緒化、易怒、對壓力反應較大的人，他們的交感神經經常會處於活躍狀態。

被交付了具有難度的工作，有些人會壓力很大，覺得很痛苦，變得愁眉苦臉；有些人則會覺得雖然困難，但仍努力摸索突破點。我們可以從這裡看到不同的因應態度。

前者的態度是「為什麼我這麼倒楣？」這是負面態度。後者則是「我該怎麼做？」這是正面態度。順帶一提，如果後者不僅努力解決問題，除了能夠享受解決問題的過程，還會促進催產素的分泌。

持續過度累積壓力的狀態，會使人變得神經質。

日本社會有所謂的「鈍感力」，這種人原本比較不容易累積壓力，因為他們根本不太介意別人對自己的評價，所以也不會太情緒化，自律神經的平衡很少會因此而破壞。

神經質的人，對於雞毛蒜皮的小事也很在意，心理狀態總是很敏感，當這樣的人，因為某個工作而感到壓力，會造成他們的心理狀態不僅白天很敏感，還延續到晚上，造成交感神經的作用跨越到副交感神經原本應該發揮正常作用的時間帶。如此一來，連帶會使其他荷爾蒙平衡也就自動喪失。

當人體感到壓力，會大量分泌皮質醇。

大量分泌皮質醇，會連帶減損ＤＨＥＡ，無端消耗了防止老化的ＤＨＥＡ荷爾蒙。壓力還會促使自由基大量產生，因此過度的壓力對人體只有壞處，沒有益處。

請注意調整心理平衡。

當你感到憤怒，該如何處理呢？請釋放憤怒的情緒。你可以做呼吸法，或是泡個澡。也可以在腦海中想像自己已經釋放了憤怒的情緒，都很有效果。

進一步的處理方式，是**預先注意會造成自己會生氣的「關鍵狀況」**。

如果能預先警惕自己對什麼話或關鍵字，會感到討厭或生氣，在怎樣的狀況下自己情緒會變差，就能事先採取不會導致脾氣爆發的行動（防衛行動），主動迴避導致情緒爆發的情況。

順帶一提，適當的壓力，例如炎熱或寒冷，身體疲倦，讀書壓力，撐到最後達成目標，想要與別人順利交往，這種低程度的壓力，在某種程度上，對我們的生活是不可或缺的。

體驗到適度的壓力，也就是「好壓力」，此時，身體自然會分泌生長激素。閱讀本書，了解荷爾蒙的作用機制，正面思考，可以避免過度的壓力。適度的壓力，可以使自己發揮最佳的表現。

為生活與行動，
增添色彩。
透過多重變化，
調整荷爾蒙平衡。

▼行動篇

其一 讓每天的生活多采多姿

打從早上起床，一直到晚上睡覺，我們每天都可以進行一些有助於荷爾蒙平衡的活動。

例如，以爬樓梯取代搭電扶梯或電梯，這個小行動似乎看起來沒什麼大不了，但卻能消除日常運動不足的弊端，使我們可以多利用肌肉，促進荷爾蒙分泌。

我建議讀者可以多做這種「替代行動」。

當然，並不是希望你去做強烈負荷的激烈運動，造成身體負擔，而是平時你若是習慣開車、騎機車或是腳踏車，可以將一部分路程以走路的方式取代。這也是燃燒脂肪的好機會。

類似的替代行動，對於整體荷爾蒙，以及單一荷爾蒙，分別都有作用。

想要促進整體荷爾蒙的平衡，行動的中心，是規律的生活。

人體的許多荷爾蒙，依照著生理時鐘發揮作用。每天早上在相同時段起床，相同時段就寢，規律用餐的習慣，會成為生活型態的基本中心。這是讓各種荷爾蒙「照計畫作用」的基礎。

從單一荷爾蒙的觀點來檢視行為，可發現許多事情。

舉例來說，生長激素的分泌，主要在睡眠時期，另外還有①空腹時、②遇到壓力時、③運動時，這三種狀況生長激素也會分泌。活動、休息，活動、休息，這種規律變化的生活，可以促進生長激素的分泌。

相反地，單調無變化的行動，反而會使生長激素的分泌減半。研究已知生長激素的分泌，會受到行為變化的刺激。但是，如果一直處於情緒高亢的狀態，效果反而會減少。

退休以後，或是小孩已經長大成人的家庭主婦，尤其是在五十歲到六十歲這個階段，可能生活變得比較沒有變化，這樣的人，更是要特別注意。

我想，在這個階段的人，有不少人起床時間不固定，用餐時間不規律，甚至整天不出門，窩在家裡，從早到晚都在看電視。這種行動固定沒有變化的生活，對於抗老化是負面的。

過著一成不變的生活，交感神經與副交感神經沒有受到刺激，沒有什麼變化。白天的交感神經無法順利提振，晚上的副交感神經也難以活化。這種情況，與其是要注意自律神經的平衡，不如要多注意沒有變化的生活，會造成自律神經不進入優勢狀態。

如此一來，會造成睡眠品質惡化。

當睡眠品質惡化，原本應於白天作用的交感神經活動力降低，因而陷入惡性循環。由於可以使荷爾蒙順利作用的環境變差，會使荷爾蒙的調整陷入惡性循環。

還有一個狀況，白天一直在家，吃東西變得沒有規律，不按照三餐飲實，想吃就吃，空腹時間縮短，這樣還會造成生長激素分泌變差。

在此我提出以下兩點建議：

> ①讓生活多樣化。
> ②白天要注意使行動有變化，不要呆板過日子。

就是這麼簡單。

注意這兩點，可以從生活中改善你的荷爾蒙平衡，進而對抗老化。

其二　一天的理想行動模式

關於行動習慣的理想模式整理如下。

①在固定的時間起床，照射早晨的陽光（晚上十一點上床睡覺、早上六點起床，若晚上十二點上床、則早上七點起床。）
②起床後喝一杯水（睡前也喝一杯水）。
③起床後一小時內吃早餐。
④早餐主要為醣類與蛋白質。也建議食用果菜汁、牛奶、優格。
⑤早餐後洗熱水澡（刺激交感神經）。
⑥起床後，輕度運動（健走、深蹲、體操）。
⑦工作或討論，以「九十分鐘循環」的規律進行（專注力為九十分鐘）。
⑧早上十一點～十二點做較激烈的運動（肌肉訓練，健走、游泳、打網球、打高爾夫球等）。
⑨午餐在固定時間吃（食用順序為：蔬菜⇓蛋白質⇓碳水化合物，務必遵守）。
⑩下午一點～二點，留一點時間進行「五分鐘～十五分鐘的午睡」。
⑪下午二點左右是「創造性」時間（寫企劃案、去文化中心聽課、製作物品）。
⑫下午四點左右是「資訊交換」時間（可與朋友去咖啡廳聊天，上班族在公司

是最適合的開會討論時間）。

⑬下午六點～七點是「肌肉訓練或深蹲＋健走」時間（下班模式）。

⑭下午六點～九點左右是「攝取均衡營養晚餐」時間。

⑮晚上九點以後，智慧型手機、手機、電腦等關機（房間燈光則調昏暗）。

⑯關機後，享受家人團聚、讀書等樂趣（放鬆模式）。

⑰晚上十點～十一點左右洗澡，進行「溫水半身浴」（讓副交感神經活躍優勢。晚上十一點就寢，請晚上十點前洗澡；十二點就寢則請十一點前洗澡）。

已經退出職場或退休的人，可能會有自己已經不再是社會人士的錯覺，但這是不對的。辭掉過去任職的工作，或退出所屬公司，但仍舊生存於社會上。我們每個人到死為止都是社會人士。

因此，請不要窩居在家，為自己多製造外出的機會。

如果你有某項興趣，可以樂在其中，而尚無特殊興趣的人，可以試著開始嘗試過去完全沒做過的活動，例如去美術館，去看戲劇或電影，開始試著爬山，去運動健身房作輕鬆的運動，或者去做志工等，**這些多變化的行動，將提升荷爾蒙力量，延長健康時間**。

在每個人不同的生活中，還要注意一件事，就是請試著進行良好的人際溝通。尤其中高齡層的男性，雖然已經退休，還一直緬懷著自己過去在公司的地位的行動模式，令人反感。順帶一提，中高齡層男性型，比較受歡迎的類型，經統計具備以下特點：①老實、②好奇心旺盛、③姿態低，這三個條件。如果臉上經常帶有笑容，會有更大的作用力。

相對來說，積極工作的上班族，行動則是太過活躍。

因此，上班族不妨利用午休時間，釋放過多的能量。例如區隔工作時間，調整習慣，讓某個時間帶之後能儘量放鬆，如此可確保身體能夠有效運用荷爾蒙。

其三 沒時間運動？請多走路

幸福荷爾蒙——血清素，分泌高峰期在中午十二點前後。

在這個時間做比較強烈的運動，可以提升血清素的分泌效率，也會提高睡眠中活化的褪黑激素的作用。

理由在於，許多研究結果顯示，這個時間帶的運動與「加深睡眠」有關。這個時間帶大量分泌血清素，會增加褪黑激素。如此一來，就能確保睡眠品質優良。

而且對荷爾蒙分泌而言，上午的時間帶是健走、游泳或肌肉訓練等運動的重要時間，不過上班族往往在辦公室裡，不能做這些運動。這時，不妨起來走走路，爬爬樓梯，可以促進健康，使血清素分泌順暢。

有節奏的運動，包括①走路、②呼吸、③咀嚼，這些活動都能活化血清素分泌。令人意外的是「嚼口香糖」也有效。韻律舞蹈，或是緩慢吐氣的腹式呼吸等也有效。

重點在於進行這些運動的時候，要專注。

懶懶散散地進行，毫無效果。

尤其是呼吸法，如果能夠把注意力安放在呼吸，效果會特別好。

透過提升副交感神經的呼吸法，能提高血清素分泌。不僅晚上睡覺可以提升副交感神經的作用，也可以使白天過度提升的交感神經放鬆下來。

促進血清素的分泌，可以試試看，一種簡單的呼吸法。

也可以利用催產素的特性，多與人接觸以增加分泌，或者可以藉由運動來增加血清素的特性，跳跳舞也不錯。

如果想要兼顧呼吸與溝通，瑜珈教室練習呼吸法，也許是個不錯的選擇。走路等單獨進行的節奏運動，也可以分泌血清素，但如果想要同時也促進催產素的分泌，最好是與眾人一起進行，還能兼具呼吸法及節奏運動。

如果是久坐辦公桌的上班族，請嘗試做以下的練習。

①深深地吸氣，讓腹部脹起來。
②吐氣，讓腹部變小，用三十秒慢慢吐完氣。
③重覆幾次。
④接著，把意識放到腹部，吐氣的時候從一數到八。
⑤吐完以後，再從一數到四，重新吸氣，讓腹部膨脹。

這種呼吸方式是一種節奏運動，搭配了腹部肌肉訓練，尤其是深層肌肉的延展，以及提升副交感神經的腹式呼吸。如果你找不到肌肉訓練或伸展運動空間，可以在辦公室簡單做這種呼吸節奏運動。有助於調整荷爾蒙平衡與自律神經平衡。

其四 重新檢討自己的生活

便利的現代，透過智慧型手機、電腦等，可以簡單快速地得到各種資訊。透過高科技，可以輕鬆享受各種便利性，但也有過於依賴的問題。在實際溝通或現實的人際關係方面，可能出現問題。

關於這一點，我們可以藉由血清素或催產素是否上升的觀點來了解。

催產素分泌以後，血清素隨之活化，如果血清素沒有增加，褪黑激素也不會分泌，生長激素更不會作用。

長期處在緊張狀態下，皮質醇會減少，如此一來，會造成DHEA、男性荷爾蒙、女性荷爾蒙等性荷爾蒙無法發揮作用。

更甚者，在晚上看太久智慧型手機螢幕，螢幕藍光會抑制褪黑激素，不僅將生理時鐘往後延遲，還會降低睡眠時期人體修復的品質和效率。

我們過著容易獲得資訊的生活，卻變得過度依賴，反而失去與人接觸的機會。整體社會已經漸漸形成一種**容易抑制荷爾蒙分泌的環境**。

如果一人長期處在以電腦連接網路的環境，可能過著每天都不需要與人交談的生活。大概有許多人會覺得「不必與人接觸，這種生活很好」，可是以血清素或催產素分泌的觀點來看，這樣會消極地促進老化。

因此，我希望各位讀者能重新檢視自己的行動。

> Q是不是無論任何事，都以用電子郵件和手機聯絡？
> Q是不是覺得與人面對面講話很麻煩？

Q是不是沉迷於網路遊戲，犧牲了與親朋好友的交流時間？
Q是不是覺得最近很少與真人對話？
Q是不是覺得有些事晚一些再告知別人也沒關係？
Q是不是不經思考，立刻到網路上搜尋？

與人見面、談話、接觸。

無論對我們的生活來說，還是對荷爾蒙平衡來說，這些都是極其重要的事。

有些人每天忙於工作，可能會想「等退休以後我不想出門，待在家裡悠閒過日子」，這樣的想法完全不正確。

為了避免誤會，我公開直接說，乾脆「不要想著退休或隱居」，這樣的人生才會快樂。

到了中高年齡階段，也許要出門或是去上班（上學）很麻煩，對肉體的負擔也比較嚴苛，可是這個時期請記得幾件事。

適度的壓力，可促進生長激素分泌。

生活過得正常有規律，豐富有變化，可以調整人體荷爾蒙的平衡。某個程度的緊張感或壓力，不管對年輕人或老年人，都是提振精神的秘訣。

上班族退休，或是家庭主婦沒事做，這個時候原本應該過著更自由的生活，可是往往反而憂鬱症狀變多，從荷爾蒙方面的角度，不難預見這樣的情況。

其五　睡眠九十分鐘循環

人體的男性荷爾蒙，以雄激素為代表，會影響男性是否積極或消極地進行溝通。男性荷爾蒙增加，領導性或積極性隨之增加；但我們都知道，男性荷爾蒙會隨著年齡漸減，中高齡階層男性，會因為荷爾蒙減少而逐漸降低積極程度，判斷力也隨之衰退。令人感覺變得女性化，也開始出現情緒爆發，例如突然變得歇斯底里、焦慮不安、心情消沉等狀況。

如果是中高齡階層女性，則是雌激素減少，因而造成睪固酮的作用變得明顯。

睪固酮是主要的男性荷爾蒙，會使身體變得男性化，甚至個性也會男性化。由於睪固酮的作用變得明顯，年輕時優柔寡斷的女性，到了中高齡時期，竟然搖身一變，變得突然具有超強的判斷力。

如此一來一往，女性的雄激素表現明顯，而男性雄激素表現減少，由於對比顯著，感覺大嬸變得比大叔更加雄壯威武，也變得更難纏。這就是因為荷爾蒙平衡隨著年齡所產生的變化。

當然，生理方面是無法避免的因素，但男性為了更男性化，女性想要更女性化，除了解荷爾蒙分泌的特性，還必須注意生活中的積極行動，可以使其他生理機制發揮作用。

中高齡層無論男性女性，生活難免會有點混亂，所以請在生活規律方面，採用前面提過，實際運作起來相當有效的「九十分鐘循環」。

睡眠時期的快速動眼期和非快速動眼期，大約以九十分鐘（至一百分鐘）重覆進行。也就是說，睡覺時的腦波循環大致以九十分鐘為一個週期。

其實，我們白天清醒時，大腦也有類似的週期循環，也就是維持專注力的循環，平均大約九十分鐘。也就是說，除了睡眠時期腦波進行九十分鐘的週期活動，清醒的時候也一樣。由於腦波活動有個人差異，因此這個循環約在六十分鐘到一百分鐘之間，平均週期為九十分鐘，也就是說，腦部能夠全力運轉的極限時間，一次是九十分鐘。

因此，必須要運用睡眠九十分鐘的循環。

九十分鐘循環，也是增進工作效率方法的主要中心。九十分鐘集中精神，休息五分鐘，再集中精神九十分鐘，休息五分鐘。如果想要有效專注，同時提高生產力來說，九十分鐘循環是很重要的。

這個循環的應用，不限於工作。

拖拖拉拉地做家事，事情總是做不完，不妨利用這個九十分鐘循環法，休息時間則充分休息。還有讀書計畫，如背誦等需要有規律的專注力和休息，也請利用九十分鐘循環，會更有效率。

其六

睡眠與荷爾蒙變化

大腦正常的運作，也大致遵從九十分鐘循環，如果不休息，一直工作三、四個小時，長期處於興奮高亢的狀態，身體為因應這種狀況，大量分泌皮質醇。也就是說，此時身體非常有可能產生負面作用。

而且，長期緊張會使交感神經產生異常興奮，破壞晚上漸漸發揮優勢作用的副交感神經平衡。

接下來，我要談的這件事，對平常上班汲汲營營工作的人，會是一大打擊。**從荷爾蒙平衡來看，週末睡個夠本，起床比平常晚很多，是一種負面行為。**

這是因為原本的規律生活，到了週末卻被破壞。

平常上班很忙，所以一到週末週日，就睡到日上三竿，從早到晚睡一整天，在床上滾來滾去，不正常吃飯，這樣對荷爾蒙分泌有很負面的影響。

睡得太多這件事，無論對荷爾蒙平衡，或是對自律神經，都沒有任何好處。因此原則上週末仍要過著規律正常的生活，如此一來才是最好、最理想，最能引導荷爾蒙發揮最大能力。

如果你真的很想在週末抵銷一週睡眠不足的「負債」，請不要「睡太晚」，卻可以「早點睡」。我們無法透過補眠來儲存睡眠，可是我們可以早點上床睡覺，這樣不必改變平時的起床時間，即時是週末假日，也能多睡一些，補充睡眠不足。

假設平日是晚間十二點睡覺，隔天早上七點起床，覺得睡眠不足，那就在週末晚間九點或十點提早上床睡覺，隔天早上即如平常一樣在七點起床。這麼一來除了可以消解睡眠不足的問題，也能維持生理時鐘的運作，沒有什麼大問題。

真正會產生睡眠問題的，是那些已經隱居退休的人。

退休以後，不再需要每天通勤，對這些人來說，天天都是星期假日。

退休族群可以分成兩大族群，一種人是天天星期天但到處嘗試新事物，另一種人是天天星期天但是每天沒事做只是混日子。

並不是說不必上班，就變得閒閒沒事做。

積極活潑的中老年人，會勇於嘗試新事物，忙到沒空閒。他們過著正常規律的生活，所以身體節奏不混亂。早上同一時間起床，白天可能去下圍棋，或是太太們去咖啡館閒話家常，或是去運動健身房，過著連年輕人都驚訝的多采多姿的日子。

劇烈刺激，會對血壓等造成不良影響，因此凡事沒有必要過度，每天的生活只要一些小刺激，就能活化荷爾蒙的分泌。

調整生理時鐘，有節奏地過生活，對於抗老化與健康，是不可或缺的。

肌肉訓練，
運動
只需要五分鐘。

▼運動篇

其一　肌肉訓練會消耗脂肪

促進生長激素分泌，其中一個是「運動」的時候。

人體生長激素分泌最多的時間，佔整體生長激素的分泌量八成左右，是在睡眠時期，並且是入睡的前三個小時。另外在進行肌肉訓練的時候，人體也會分泌生長激素。

因此想要分泌更多生長激素，最好就是做肌肉訓練，而且要做就用最有效的「肌肉訓練」方式來做。

肌肉訓練屬於無氧運動。

進行肌肉訓練，肌肉會漸漸增加，這是因為人體每天會修補受傷的肌肉，使肌纖維增加。這個過程會分泌生長激素。

進行肌肉訓練，脂肪會被分解，轉變為脂肪酸和甘油。肌肉訓練是一種無氧運動，再另外配合有氧運動，能分解脂肪，燃燒脂肪酸與甘油。

所以，脂肪不僅僅是被分解，也被消耗。

如此一來，**不但脂肪減少，肌肉也增加，有一石二鳥的效果**。

脂肪一旦減少，還可以抑制脂肪分泌脂肪激素（adipocytokine），這是一種促進脂肪儲存在人體中的荷爾蒙。

但如果過度運動，運動反而會造成壓力，產生大量的自由基，自由基會造成傷害，反而出現反效果。因此，運動要適度，不要過度。

- 適度的肌肉訓練會促進生長激素分泌。
- 肌肉訓練可使脂肪分解。
- 肌肉訓練後，必須搭配有氧運動（配套組合）。
- 肌肉的生成，可抑制脂肪激素的分泌。

請記住以上關於運動的重點。此外，脂肪的消耗，如果沒有搭配有氧運動，幫助脂肪燃燒，還是會恢復原狀。

其二　怎樣才是適度運動？

那麼，怎樣才算是適度的肌肉訓練呢？

肌肉訓練時間，其實五分鐘就夠了。

可能大家會覺得很奇怪，五分鐘很短，肌肉訓練應該是要長時間持續進行。但事實上，如果太長時間做肌肉訓練，反而會對肌肉產生負面影響。

運動時計算心跳數，運動量的標準，是比平常的心跳增加二至三成。這是比平時運動稍微激烈一點的運動。

各位讀者進行各種運動時，請記得一句話。

「**時間、次數、步數、距離，都以自己的心跳為準**」。

凡事都有個人差異。

一個運動請先自己做幾次看看，心跳實際比平常快了兩、三成即可。如果進行某種運動，經過測量，心跳比平常增加了五、六成，這時請停止進行這種運動訓練。不需要和其他人比較，請自己跟自己比較。

前面提到，肌肉訓練可以使肌纖維增加。一般而言，運動所造成的肌肉傷害，人體修補強化肌肉，大約是四十八小時（兩天）。

所以大概每隔兩天，人體大致能完成修補肌肉，這時可以重新開始運動。

如果每天連續都進行肌肉訓練，肌肉的修補尚未結束，又再度受到刺激，對身體或對荷爾蒙的分泌都不好。有些人為了運動，花錢加入健身房會員，可是應該也有人無法繼續跑健身房，只是一直交錢買心安吧。的確，運動很難持續是事實，但要持續下去，也有秘訣。

想要定期進行肌肉訓練，可以將訓練分成「三大部分」：

①上半身（伏地挺身、啞鈴等）。
②腹肌運動（仰臥起坐），背肌運動（伏地挺身）。
③下半身（深蹲，腰、屁股、大腿、小腿，各部位肌肉重點收縮）。

這三大部分，一天做一部份，三天一個循環。這些運動都是在家或辦公室都能做的運動。

有些人可能沒辦法去健身房，可以利用搭車的時候，進行健走運動，這也是一種肌肉訓練運動。開始健走前，不妨增加一些肌肉訓練，將上班的通勤時間，轉變為高效率的運動時間。

有氧運動具體來說，就是走路十五分鐘左右。如果搭乘大眾運輸，不妨提前一站下車，用走的。開始健走之前，也可以先做五分鐘的肌肉訓練。脂肪燃燒或是生長激素分泌，一旦開始都會持續一、兩小時，肌肉訓練後如果不走路，也一樣有效果。

請記得這個順序，可以先做五分鐘的肌肉訓練，然後有時間再健走。

其三 慢運動比交互蹲跳更有效

除了搭車通勤的人，其他不通勤的人可在家做肌肉訓練，業務員等則可多走路。如果有午休時間，進行有氧運動前面，不妨做一些肌肉訓練，會更加有效。我想有去運動健身房的人應該知道，運動菜單大多是先進行機械訓練，然後再健走或游泳。

這正是肌肉訓練＋有氧運動的組合。

這個組合可以鍛鍊成理想體型，有效地引導身體作用，讓荷爾蒙能順利分泌作用。

再來，還要注意緩慢動作，也就是有意識的「慢運動（slow training）」。

緩慢地活動肌肉，例如伏地挺身或深蹲都以慢動作進行，**能對身體發出「正在拉緊」的訊號，使得生長激素更容易分泌**。慢運動也能防止關節疼痛。如果深蹲做得太快，膝蓋會痛。

另一種極端的例子是交互蹲跳。

過去，運動社團活動常常會做交互蹲跳，但這種運動很容易造成膝關節傷害。交互蹲跳原本的目的和深蹲一樣，對腿部形成張力，讓肌肉收縮。深蹲時不必像交互蹲跳一樣完全蹲下，可減少對關節的負擔，慢慢地動作，讓肌肉獲得充分的負荷。

其四　副交感神經作用與肌肉的伸展

進行腹肌運動（仰臥起坐），請讓雙腳腳掌支撐在地上。

腳部固定，進行伸展運動，使用臀部肌肉較多，腹肌較少，對中高齡層會產生一些負荷。

前面提到，肌肉訓練分成①上半身、②腹肌運動、③下半身，三個部分進行，有趣的是，這些運動也有「有效時間帶」。

睡得好的人和睡不好的人，兩者進行肌肉訓練的理想時間帶不一樣。

如果你入睡和睡眠期間沒有問題，也就是沒有睡眠障礙，請在**「傍晚到晚上的時間帶」**進行肌肉訓練。

另一方面，若是你的睡眠有問題，交感神經作用會變得向後延遲。根據我的研究資料顯示，這種人最好在**「接近中午」**進行肌肉訓練和有氧運動，讓身體產生少許負荷，比較容易入眠。

也就是說，睡不好的人，不妨在中午提高交感神經的作用，到了夜晚，副交感神經作用的時間帶，就可以順利交接。

與肌肉訓練配套的代表性有氧運動，是前面提過的健走。

健走時間大約十五分鐘左右即可。這十五分鐘，前面必須配合另外五分鐘的肌肉訓練。

如果沒有肌肉訓練，只有健走，大約需要三十分鐘到一小時左右。

此外，運動時間有個人差異。如同前述，以心跳增加兩、三成為準，請選擇適合自己的時間與步行距離。

如果運動太過頭，對荷爾蒙的分泌並非有益。可能有人喜歡快速健走，但搭配肌肉訓練，慢慢走就會很有效果。不需要太過焦急。

如果是沒有睡眠問題的上班族，可以在下班時，先做五分鐘的肌肉訓練，然後在回家途中，進行十五到二十分鐘左右慢慢走路即可。

若想促進幸福荷爾蒙——血清素分泌，建議在早上健走。時間是十五到二十分鐘左右。

所有有節奏的運動，均可活化血清素，並不困難。

健走時請以「一二、一二」的節奏進行。運動的時候要注意規律性，帶有節奏地運動。我想有許多人把早晚的健走當成日課，但健走太多，反而可能會對關節及肌肉造成傷害。如果你早晚都想要健走，不要太激烈，輕鬆地健走，讓心跳增加二到三成即可。

肌肉訓練是讓肌肉收縮的運動。

相對地，伸展運動則是讓肌肉延展的運動。

肌肉延展，副交感神經作用占優勢。伸展運動的呼吸法，也與橫膈膜的延展有關，會打開副交感神經的開關。舉例來說，洗澡前後進行伸展運動，會有效活化睡眠期的副交感神經。

請注意，晚上要讓副交感神經發揮應有的作用。

末梢微血管放鬆，荷爾蒙可以順利運輸到全身。我們要使身體形成這樣的環境，讓白天活躍興奮的腦及神經冷卻下來，會使得睡眠中生長激素的分泌效率提高。

其五 脊椎伸展運動

伸展運動有一個需要注意的地方。

那就是「伸展脊椎骨曲線」。

脊椎骨伸展，可使脊椎周圍的微血管放鬆。所以我建議的運動菜單，是要慢慢擴展全身的運動菜單。以下介紹簡單的伸展運動。

【頸部伸展運動】

吐氣，慢慢地將頭往前傾，再往後仰。轉動頭部。頭部先往左轉，再往右轉。轉到不能轉為止。

【手腕與肩膀伸展運動】

雙手放在胸前。右手拉左手，左手腕慢慢往前彎曲，再往後拉。接著，將右手放在左肩，慢慢下壓左肩，使左肩肌肉伸展。換手，伸展手腕與肩部。

【腿腰部伸展運動】

坐在地板上，雙腳伸直打開，身體左右交互地慢慢往腳部方向前屈倒。

【背腰部伸展運動】

坐在地板上，雙腳併攏伸直，慢慢地吐氣，往前傾，延展腰部與背部。

【腳部伸展運動】

坐在於地板上，雙腳伸直打開，右腳慢慢地往後屈膝，伸展右邊大腿。左腳以同樣方法進行。

進行伸展肌肉，請緩慢地呼氣，動作。

伸展感覺很愉快，就是最適合自己的伸展運動。伸展運動大略進行兩、三分鐘即可。

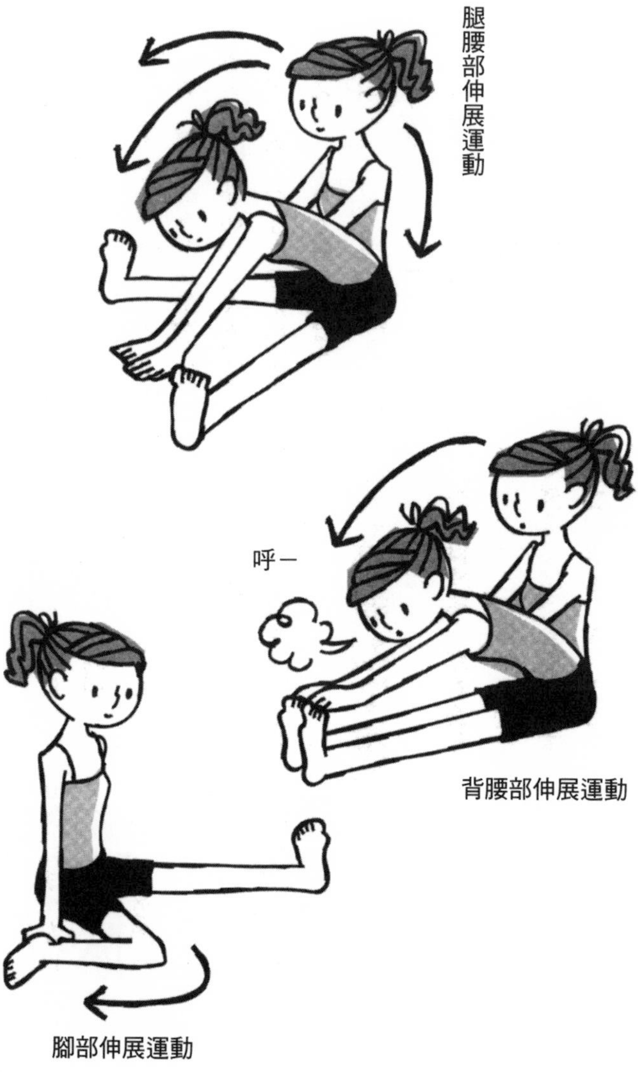
腿腰部伸展運動
呼—
背腰部伸展運動
腳部伸展運動

手部與肩膀伸展運動

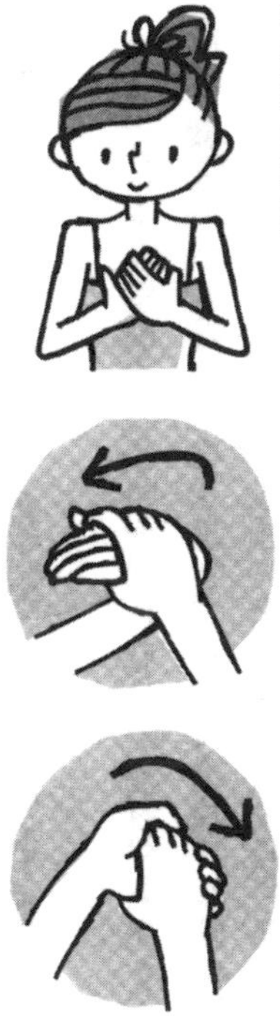

頸部伸展運動

其六　吃完晚餐到睡前的行動模式

入浴泡澡時間，使我們可以保持健康與年輕。入浴時建議熱水的溫度是三十八度到四十一度左右，微溫的程度，進行二十分鐘的半身浴。

入浴時，全身的血管會分泌一氧化氮，與微血管擴張、副交感神經作用提升有所關連。

而且，一氧化氮會促進全身新陳代謝、淋巴流動、排出身體廢物。

有些浴缸的裝置可以噴出微細泡泡（噴流浴），或是使用碳酸入浴劑，這些泡泡可以刺激全身微血管，使血液循環順暢。有研究結果顯示，泡沫彈跳會產生超音波，具有超音波按摩的效果。

另外要注意水溫。溫度超過四十二、三度，會對皮膚造成刺激，可能會使交感神經活化。我認為平日晚上，睡前進行二十分鐘的溫水半身浴，水溫不要超過四十一度，是最理想的抗老沐浴法。

如果溫度過高，熱水超過四十三度，浸泡十分鐘左右，人體保護細胞的蛋白質會被活化。這種蛋白質稱為「熱休克蛋白（Heat Shock Protein, HSP）」。HSP具有防止膠原蛋白老化，提高免疫功能的功能。

考慮對心臟的負荷與自律神經的作用，每天泡熱水反而有壞處，但不妨每週泡一次熱水澡，在週末等假日進行，但是請避免在睡前做（因為很燙，嘗試的時候動作請放慢）。

有人用淋浴取代泡澡，我個人不建議這麼做。淋浴會覺得溫熱，用的是比較熱的水，高溫會提高交感神經的作用，不會讓你放鬆，也就是說，不能提高副交感神經的作用。

不過，早上起床後則可以淋浴，促進交感神經活化，使一天的開始充滿活力。

晚上除了不建議淋浴，我也不建議洗完澡繼續使用電腦上網，回覆令人焦慮的信件或電話，觀賞DVD或電視節目等。這些全都與「交感神經作用過度」有關。

再者，泡完溫水澡，微血管會打開散熱。**入浴之後降低房間燈光亮度，放鬆身心，**

可提高荷爾蒙的作用力。

以下是從晚餐到睡前的理想生活模式（以晚上十一點上床睡覺為例）。

①晚上八點結束晚餐，最晚九點（規律的飲食）。
②晚上九點到十點，不看螢幕（關閉電腦、行動電話、電視）。
③晚上十點以前完成泡澡（入浴前後進行三分鐘左右的伸展運動，以促進褪黑激素的分泌）。
④熱水溫度為三十八度到四十一度，半身浴，二十分鐘。
⑤週末泡一次四十三度的熱水浴，半身浴十分鐘（不要在睡前進行）
⑥入浴後，降低房間光亮程度。
⑦晚上八點以後，不喝咖啡、紅茶、綠茶（咖啡因有醒腦效果）；水、花草茶、牛奶可睡前喝。

遵守以上的規則，可以調整環境，使褪黑激素和生長激素分泌平衡，進入睡眠階段的數小時，可大量分泌具有抗老化作用的荷爾蒙。

肌肉訓練、健走、伸展運動、還有入浴方式等，都是為了調節荷爾蒙分泌。

第4章

抗老化生活實踐，荷爾蒙問題總整理

荷爾蒙不再迅速減少，
抗老回春。

注爾蒙
專發怒
少爆的荷
減力氣蒙

怒氣是可以利用的

我想各位讀者讀到這裡，應該已經對荷爾蒙的重要性，已有充分的認識。尤其是中高齡層的讀者，已經踏進人生下半場，接下來除了要如何活得更加自在，是否想到該如何調節荷爾蒙，改變生活呢。

無論男女，到了中高齡，都要面對更年期這一關。

更年期有很多問題。專注力降低、經常焦慮、做什麼事都不起勁。一切都覺得隨便啦，沒有動力。其實這些狀況都與許多荷爾蒙，如雌激素、睪固酮、黃體素等的分泌失去平衡有關，如同前面提過，腎上腺素與正腎上腺素的減少，也會影響「專注力降低」，而與更年期有關。

更年期是自律神經容易失去平衡的時期，此時作為神經傳遞物質的荷爾蒙，作用也會降低。

各位讀者請注意這一點。

在更年期荷爾蒙分泌「降低」的趨勢中，如何最大程度地利用已經減少的荷爾蒙，就是要活化荷爾蒙。

那麼，我們又要如何「活化」荷爾蒙分泌，不讓分泌量降低到必要程度以下呢？為了對抗老化及維持健康，我們必須注意活化荷爾蒙的分泌。我想，對於更年期的來臨，想必許多人都沒有慎重思考過這件事吧。一旦放棄，接受所謂的自然變化，老化將如雪崩之勢而來，變得未老先衰。但是，如果能夠「活化」荷爾蒙，盡自己能力所及，可有助於減緩生理性的老化。

年齡越來越大，會變得容易生氣，的確，以社會現況來說，這樣的人的確不少，很有可能是受到荷爾蒙減少的影響。

女性由於雌激素減少，會變得男性化，男性則是因為睪固酮（雄激素）減少而意志消沉。不過，這兩者都會顯得焦躁不安，脾氣易怒。

但是，你可知道，其實生氣這個行為，也是增加腎上腺素的一個原因。

可見，生氣並非完全不好，還是有一點好處的。

對政治感到憤怒、對經濟感到生氣、對國際情勢感到憤慨、對社會這個大框架感到氣惱，是人類的真實感情，會生氣是很自然的事。

對身邊的人隨便發脾氣並不好，但藉由某個機會，例如和好朋友聚會，大家喝茶、飲酒，適度地抒發心情，把怒氣說出來，可以促進腎上腺素分泌。

開懷大笑
促進分泌
荷爾蒙

促進荷爾蒙分泌的場所

遊樂園是促進腎上腺素和正腎上腺素分泌的絕佳場所。

這並不是中高齡層喜歡去的地方，一般只有帶著小朋友的大人才會去。不過，不管是和小孩一起去也好，大人相約一起去也行，請到遊樂園玩一玩，有助於促進荷爾蒙分泌。

遊樂園具有刺激、產生快感、感知危險，種種效果，這些情境會促進人體分泌大量荷爾蒙。

其中最重要的是「開懷大笑」的效果。

前一節提過，生氣憤怒會促進荷爾蒙的分泌。但是開懷大笑的效果更好。**在愉快的場所開懷大笑，會刺激荷爾蒙的大量分泌**。

請試著回想。與意氣相投的朋友，一起開懷大笑的情形，或是相反地，與討厭對象爭論的情形，哪一種會讓你心情愉悅呢？應該不必解釋了吧。

大家一起開懷大笑，尤其能產生療癒和幸福感，因為開懷大笑可以提高β-腦內啡（β-endorphin）這種荷爾蒙的分泌。

β-腦內啡具有「腦內啡」的別稱，是引發跑者快感的荷爾蒙，也具有解除痛苦感情的功能。開懷大笑有助於調整自律神經的平衡，也具有活化免疫系統的效果，可說好處多多。

另外還有一種荷爾蒙，同樣被認為具有腦內啡效果的是乙醯膽鹼。乙醯膽鹼可促進副交感神經作用，使得全身放鬆，也有傳遞刺激給運動神經（交感神經）的作用。此外，乙醯膽鹼由於學習及記憶方面的影響，而受到矚目。

遊樂園是令人覺得愉快放鬆的場所，**可提升荷爾蒙分泌的效率，這些場所也包**

括KTV或是電影院等。

在KTV大聲唱歌，可釋放生活壓力。但是如果因為覺得太高興了，一首接一首唱個沒完沒了，反而會因為疲倦而分泌過量多巴胺，導致心理障礙，如同賭博上癮症一般。此外，欣賞電影，也可以促進荷爾蒙分泌，不過若是由於某些因素，勉強自己去看不想看的電影，或是觀賞的感覺不舒服，就沒有辦法得到想要的效果。

適度的緊張感、令人流淚的情景，可有效促進荷爾蒙分泌。

提升代謝率荷爾蒙

甲狀腺素與泌乳素

甲狀腺素與心跳加速有關。

甲狀腺素的主要作用是促進細胞代謝。促進細胞代謝，是指提高細胞代謝效率，換句話說，是調節身體整體能量代謝的重要工作。因此甲狀腺素可促進腦及器官組織的運作。

提高身體的代謝率，行動會變得更積極。

日常行動會變得活潑，積極面對各種事情。因為身體順利地進行新陳代謝，體溫維持恆定，也會促進器官的作用。

甲狀腺素的原料，需要碘（Iodine）。

碘主要富含於昆布或海帶等海藻類，平常飲食攝取並不困難。不過，如果過度攝取碘，也會引起甲狀腺異常。

甲狀腺素增加過多，會有甲狀腺高能症，如巴西多氏病（凸眼性甲狀腺腫）或普魯麥氏病（毒性多結節甲狀腺腫）等甲狀腺作用亢進的疾病。相反地，如果減少，則會有甲狀腺低能症，如橋本氏病、黏液水腫或呆小症等甲狀腺作用降低的疾病。甲狀腺素和其他荷爾蒙一樣，增加太多或減少太過都有壞處。

提高人體代謝率，也與脂肪燃燒有關。

還有一種性功能代謝（促進性功能），人體有一種泌乳素（prolactin）這種荷爾蒙。

泌乳素是由腦下垂體所分泌。

泌乳素是一種與女性懷孕有關的荷爾蒙，也是促進乳腺（製造母乳的組織）發達的荷爾蒙。對於調整月經的黃體固酮（progesterone）分泌，具有維持的作用。男性也有泌乳素，泌乳素可以促進男性製造精液，並影響前列腺發育，調節尿液排泄。

泌乳素增加太多，會引發乳癌、男性勃起功能障礙、甲狀腺作用低下，或者無月經、不孕症。相反地，減少太多，則會引起腦下垂體腫瘤、甲狀腺作用亢進、腦下垂體功能減退症（席漢氏症 Sheehan syndrom）等。

壓力會造成泌乳素的分泌，為了不要促進泌乳素分泌太多，如果經常感覺受到壓力，可進行一些有節奏的運動，或有趣的活動，調節荷爾蒙的平衡。

誘發潛力荷爾蒙

如何增加DHEA

前面談到雌激素的章節曾提及，維持女性荷爾蒙，可以避免腰痛或膝蓋疼痛。

女性荷爾蒙是ＤＨＥＡ的來源。

如何能讓DHEA不減少，最為理想。

由於醫師不建議直接增加DHEA，現在我們已知，能透過運動增加DHEA，也就是說，增加肌肉，DHEA也會隨之增加。

尤其是**鍛鍊下半身的運動，更具有增加DHEA的效果**。

原理與肌肉的組成有關。

人體下半身的肌肉，佔全身所有肌肉的70％，運動可以促使肌肉消耗性荷爾蒙，因此會活化DHEA的生產。

無論男性或女性，無論世代，規律的運動都是必要的，因為DHEA這種性荷爾蒙的分泌，是人體活動產生能量所不可或缺的一種荷爾蒙。

這就是我提倡深蹲和健走的用意。

但是相反地，重勞動者，例如職業運動選手，反而會產生過度的壓力。

相信讀者們已經知道為什麼。

壓力過度，人體會分泌皮質醇，皮質醇會消耗DHEA。

所以運動時不要過度，衡量的依照就是自己的心跳，如果運動以後心跳變快，為平常增加兩、三成的程度，這樣的運動最適當。心跳是自己的，不需要和別人比，也不必較勁運動距離或次數。

提到荷爾蒙的潛力，研究論文指出，溝通荷爾蒙的催產素，也有「提高記憶力」作用。

催產素的基本能力在於孕育母性及愛情，提高人際信賴關係，現在甚至還有報告指出，催產素可以活化記憶力。可見荷爾蒙仍然有許多未知的能力。

抗老化荷爾蒙．重點摘要

這一節，我將前面提過的各種荷爾蒙，重點摘要如下。

我會用讀者容易理解的關鍵字做分類。這些都是人體與老化相關最重要的荷爾蒙，相信大家應該已經認識了這些荷爾蒙的作用。

・抗老化荷爾蒙——生長激素、褪黑激素、DHEA
・男性荷爾蒙——睪固酮、雄激素
・焦慮不安荷爾蒙——雌激素、黃體固酮
・提高睡眠品質的荷爾蒙——生長激素、褪黑激素、PGD2
・減肥、清醒、壓力荷爾蒙——皮質醇
・溝通荷爾蒙——催產素、血清素
・專注力荷爾蒙——腎上腺素、正腎上腺素
・皮膚美麗、骨骼代謝荷爾蒙——雌激素
・抗老荷爾蒙——生長激素、褪黑激素
・幸福荷爾蒙——血清素
・生活意義、學習荷爾蒙——正腎上腺素、腎上腺素、多巴胺
・療癒與幸福感的荷爾蒙——β—腦內啡
・幫助身體修復的荷爾蒙——褪黑激素
・增進食慾荷爾蒙——飢餓素

- 抑制食欲荷爾蒙——瘦素
- 提升代謝率荷爾蒙——甲狀腺素
- 抑制血糖荷爾蒙——胰島素
- 促進血糖荷爾蒙——皮質醇

想要調整日常飲食，各種生活習慣，不妨參考此列表，快速查閱。

荷爾蒙具有多樣面貌。
活化荷爾蒙，
必須了解三大黃金守則。

荷爾蒙的真面目

我們人類的身體，實際上有超過一百種荷爾蒙。所有荷爾蒙的作用可大致分為四大類：

①維持人體環境
②成長與發育
③能量的產生、利用、儲存
④生殖功能

在人體的荷爾蒙中，還有調整荷爾蒙分泌的荷爾蒙，稱為「釋放荷爾蒙（釋放激素）」、「抑制荷爾蒙（抑制激素）」。

調整荷爾蒙分泌的荷爾蒙，由腦部下視丘所分泌，而下視丘會受壓力或環境因素等外界刺激，以及身體生理時鐘或情緒等內部刺激，還有其他荷爾蒙的回饋調節，影響荷爾蒙分泌。

人體所有荷爾蒙是以全身為舞台，進行交互作用，也受到外界因素的影響，產生變化。

荷爾蒙不是單獨運作，而是交互運作。

事實正是如此。

生長激素與身體所有部位的成長、新陳代謝有關，甲狀腺所分泌的甲狀腺素會增加各種細胞的化學反應速度。荷爾蒙只作用在具有荷爾蒙開關（受體）的組織，所有荷爾蒙主要作用都是對人體各種作用進行調節。因此我們可以說，荷爾蒙建構了身體「巨大的調節系統」。

同一種荷爾蒙，具有多樣性的面貌，也是荷爾蒙的特徵之一。

尤其最具特殊是褪黑激素。褪黑激素發揮睡眠荷爾蒙的功能，主要作用在腦部，在睡眠前後的時間帶發揮作用。但褪黑激素發揮掃除荷爾蒙的功能，會通過血腦障壁，讓副交感神經產生優勢作用，放鬆微血管，隨血液循環全身，防止身體老化。

如果睡眠不正常，導致褪黑激素的生產減少，例如失眠或晚睡，褪黑激素不夠，無法發揮力量。或者，到了夜晚，交感神經仍興奮，在高亢的狀態下上床，由於微血管不放鬆，褪黑激素無法充分運輸到人體每個角落，完成掃除功能。像這樣，荷爾蒙的作用會因為人體節奏或時間、環境的變化，而無法充分發揮。**只有當人體節奏、時機或環境，都在恰當的情況下，荷爾蒙的作用才能完全發揮。**

三大黃金守則，活化荷爾蒙

有的荷爾蒙，可以在某種程度受意識控制，其他荷爾蒙則不受控制。可以在某種程度受意識控制的荷爾蒙，有一些能透過意識活化的荷爾蒙，是有助於抗老化的荷爾蒙，活化這種抗老化荷爾蒙，有三大黃金守則：

①生理時鐘（生理時鐘基因）正常運作。
②自律神經正常運作。
③血管正常運作。

這就是活化荷爾蒙的「三大黃金守則」。

生理時鐘是我們人體與生俱來「度量時間的作用」。我們的身體依照生理時鐘，衍生身體自然的節奏。由於地球自轉，使一天分為二十四小時週期，日升日落，人體為適應每天的自然現象，產生了生理時鐘。

生理時鐘受到生理時鐘基因的控制。生理時鐘具有度量時間的作用，白天使交感神經作用優勢，夜晚使副交感神經作用，還具有調節各種荷爾蒙分泌的時間表。

如果長期過著日夜顛倒的生活，自律神經無法發揮正常作用，甚至導致荷爾蒙無法在正常時間帶正常分泌，造成荷爾蒙分泌失去平衡。因此，使生理時鐘正常運作，才能調整荷爾蒙平衡，這一點有助於活化荷爾蒙。

荷爾蒙的分泌，會適應人體環境，與自律神經共同調節作用。自律神經正常運作，可幫助血管的血液循環，具有輔助荷爾蒙的作用。換句話說，依照生理時鐘，調整自律神經，促進正常血液循環，有助於活化荷爾蒙。自律神經的作用，白天以交感神經為主，夜晚以副交感神經為主，產生不同的作用，連帶可以促進正常時間帶的荷爾蒙發揮作用。

微血管與荷爾蒙

這一節要說明的是血管相關知識。

這裡指的血管是微血管。

人體的微血管網，環繞全身，連接動脈與靜脈，具有非常重要的功能。

這些重要功能如下：

①分泌生理活性物質以保護血管。
②分泌一氧化氮或內皮素（endothelin）等物質，作用於血管，進行調節微血管收縮或鬆弛的功能。
③透過血液運輸氧氣、營養素、荷爾蒙。
④使血液中的氧氣、營養素或荷爾蒙進入組織，組織排出二氧化碳或廢物進入微血管，在「最前線」擔任回收工作。

人體的微血管總長約十萬公里，與自律神經一樣遍佈全身。自律神經與微血管有密切的關係。透過自律神經的調節，交感神經產生優勢作用，可收縮微血管，而副交感神經佔優勢，則放鬆微血管，這種機制可以調節血液循環。

舉例來說，晚上由副交感神經主導，微血管放鬆，熱量會從微血管散逸，以降低身體深部體溫，有助於深度睡眠。由於此時微血管放鬆，有助於微血管運輸荷爾蒙、營養素、氧氣等，以及各種荷爾蒙如：褪黑激素、生長激素，兩者也在睡眠時期運送到全身，進入細胞組織中。

血液循環不良的影響

由於自律神經負責調節微血管的放鬆或收縮，因此，我們現在過著怎樣情生活，會大大影響微血管的狀態。

例如，工作壓力太大，造成心理壓力。夫妻關係或親子關係緊繃，朋友關係的煩惱，這些狀況會造成交感神經的優勢作用，從白天延伸到晚上，一直呈現優勢狀態。

結果，因為微血管收縮，造成荷爾蒙的運輸途徑不良。

例如下大雪或大雨，交通容易打結。甚至連走路、騎腳踏車等都會受到影響，這種受阻的情形，就好像血液循環停滯。

貨物遞送，往往由於氣象條件不佳，無法在指定日期送達。

請想像一下。平常的馬路，左右各有二線道或三線道，交通順暢，但因為某種原因，造成一側只剩下單線道，就像血管運輸，如果這時有大批荷爾蒙車隊要進入通道，一定塞車。

當然，血液除了搬運荷爾蒙，還有其他功能。但是在塞車的情況下，還要增加血液運輸的物質，想必狀況會更加混亂。

原本應送達全身的各種荷爾蒙或營養素，受到阻礙，會造成交感神經過度興奮，產生焦慮不安，使人變得疲勞，造成微血管收縮，無法正常運作。

如果長期交感神經過度興奮的狀態，經常感覺緊張，還會促進皮質醇的分泌。

生理作用的開關，該打開時打開，該關閉時關閉，生理作用才會正常進行。

壓力、老化、疾病、運動不足、飲食生活不正常、日夜顛倒，這些因素都會導致血液循環的混亂。

生理時鐘影響血液循環

血液循環不但與自律神經有關，也和生理時鐘有關。

也就是說，與生理時鐘基因有關。

簡而言之，生理時鐘基因，會控制人體龐大的物流（血流），以馬路交通來比喻，生理時鐘基因的控制作用，好比是**「轉換紅綠燈訊號」**。

一天有二十四小時。血液的流動，在二十四小時之內，有一段時間是綠燈，有一段時間是黃燈，再隔一段時間又變成紅燈。生理時鐘基因具有控制血流的作用，就像轉換燈號，指示血液在不同時間點，發揮不同作用。

血管會按照生理時鐘基因的作用，平日規律地轉換燈號。

維持血流通路順暢，可以使荷爾蒙等物質正常地運輸到適當的部位。但是一旦運輸混亂，就會造成各種生理問題。

在適當的時間運輸，在適當的時間送達。血液循環規律，荷爾蒙才會發揮應有的效果。

例如，如果褪黑激素在白天大量送達，會造成很大的問題。

生理時鐘正常，才不會發生類似的狀況。

不過一旦長期過著不規律的生活，或者生活規律突然混亂，就會讓生理時鐘無法正確地度量時間。

受到壓力影響，交感神經會過度興奮，而讓微血管收縮，造成皮質醇大量分泌。如此一來，不僅血管的通道會變狹窄（收縮），荷爾蒙的運輸也會受阻，皮質醇還會妨礙正確時間的荷爾蒙分泌，消耗有助於維持青春與健康的重要荷爾蒙——DHEA。因而加速病理性老化。

白天和夜晚的血液循環不一樣

血液循環是有規律的。

睡眠時期，後半段的「清醒荷爾蒙」皮質醇的分泌增加，在起床二十分鐘後達到顛峰，使我們的身體正式轉換到交感神經模式。

也就是說，從睡醒以後，身體活動性會增加。

如果人體在副交感神經的優勢作用下，血液循環的方向，是末梢微血管運輸，以修補全身細胞、器官的方向前進；而交感神經優勢作用，則會朝著提高全身活動性的方向前進。

這就像是都市的人，休假的時候想要回鄉下老家，休假結束則重新回到都市；或是長假到海外度假，結束度假的時候回國。交感神經優勢作用，血液回到眼睛、胃部、肺部、腦部、心臟等，進行各種活動。

起床活動需要大量氧氣，為了補充能量，消化器官要攝取食物，腦部（腦神經）的活動也增強，因此需要大量血液，從週圍組織回到器官。

白天的交感神經占優勢，但是並不表示副交感神經完全沒有作用。

白天的時候，可以偶爾提升副交感神經作用。因為如果交感神經一直進行優勢作用，會累積壓力。

白天原本是讓血液集中到器官的時間帶，但還是有一部分血液會流向末梢微血管。受到自律神經的作用，血液循環也是呈現平衡狀態。

如果血流的控制混亂，無法在正確的時間，提供正確的部位氧氣、營養素、荷爾蒙。

為了維持身體的恆定性，血液必須定時定期運輸氧氣、營養素、荷爾蒙。

不僅白天要這麼做，晚上也一樣。

白天，血液循環會向人體中心流動，因此血液主要會在器官和肌肉，夜晚尤其是睡眠期，血管放鬆，血液會從中心向末梢微血管流動，將白天活動受損的組織細胞一一修復。

這是微血管受到生理時鐘基因控制的機制：

- 血液在血管中運輸
- 血液具有運輸荷爾蒙的功能
- 血液循環遲滯的原因有壓力、疾病或生活習慣
- 早晨起床進入活動模式，血液流向的身體中心部位
- 中心部位是指眼睛、胃部、肺部、腦部、心臟、腸道等人體活動的器官。
- 在睡眠的休息模式，血管放鬆，血液流向末梢微血管

・血管受到生理時鐘基因的控制
・血管受到自律神經的影響

總結血流、血管的活動重點如上。

遵守三大黃金守則的一天

生理時鐘基因控制著人體一天活動。起床後，交感神經掌握領導權。吃早餐時，消化器官需要大量血液。

隨著白天活動的進行，上班的人需要腦部能量全開，因此血液流向腦部。血液循環將各種營養素運輸到腦部。做運動的時候，血液則是流向身體週圍部位。

當交感神經開關打開，就會產生優勢作用。

午餐時間，血液再次流向消化器官胃腸道。過了下午茶時間，太陽下山，迎向黃昏，副交感神經漸漸地興奮，血流慢慢離開中心部位，開始流向末梢微血管。

假設一個人早上七點起床，副交感神經活躍的時間，大約是起床的十一到十二小時以後，也就是晚上六、七點左右。

此時雖然副交感神經優勢作用，我們還要吃晚餐。

由於吃完晚餐，血液會再度往中心部位（消化器官）流動。這個運作與副交感神經作用相反。

想要睡好覺，使荷爾蒙的分泌有助於睡眠，必須讓血液循環往末梢微血管流動，因此必須在睡前三小時，最遲二小時前結束晚餐。

若不在睡前三小時吃完晚餐，睡覺時血液還集中在腸胃等中心部位，血液循環不能往末梢微血管方向進行。

食物的消化活動，受副交感神經的支配，如果消化作用還沒有完成就睡覺，胃部殘留食物，會刺激交感神經作用，造成副交感神經失去優勢。

晚上七點或八點左右吃完飯，大約十一點左右，腸胃食物可以消化完畢，副交感神經漸漸產生睡眠期的作用，這樣的時段調整最為理想。

注意飲食的時間，加上調暗室內燈光，關掉電腦、智慧型手機或遊戲機等螢幕，泡溫水澡放鬆，做伸展運動，腹式呼吸等，這些都是可以提高副交感神經作用的秘訣。隨著微血管血流增加，有優質的睡眠，進行全身修復，進而活化荷爾蒙。

①生理時鐘基因，控制生理時鐘
②生理時鐘，控制自律神經
③自律神經，影響血管
④血管，決定血流量
⑤血液循環，運輸荷爾蒙

活化荷爾蒙的「三大黃金守則」，包括生理時鐘（生理時鐘基因），自律神經、血管三個部位，每天的行動都以這三個部位為重心。

睪固酮是女性大敵嗎？

肉食女、草食男這兩個名詞，現在幾乎無人不知，無人不曉。

這兩個名詞表現不同動物的食性，對閱讀本書的讀者來說，應該馬上可以發覺，是與荷爾蒙有重要關係。

肉食女，也就是活動性強的女性，與男性荷爾蒙有關。

肌肉發達、性慾強、個性積極，這些都是男性荷爾蒙——睪固酮所產生的特性。

草食男也是與睪固酮有關，其他相關的還有DHEA。

當睪固酮與DHEA兩種荷爾蒙減少，專注力降低，積極性消失，精力、代謝力、還有性慾也降低。草食男原本是嘲諷看起來很老實，但個性消極，不會主動出頭的男性。不過，由於中高齡男性的睪固酮也會減少，最後也會出現草食男的特徵。

相反地，如果睪固酮增加，肌肉量會增加，脂肪降低，可避免血管老化，精力增加，抗氧化作用提升，行動變得更積極。這種作用無論男女性都會出現。

促進睪固酮分泌，除了食物，還可以增加肌肉（肌力）。因此可搭配有節奏的運動、有氧運動與無氧運動。肌肉訓練可以促進睪固酮分泌。

進行肌肉訓練，男性還可以，女性想必會有點排斥。理由肌肉增加，促進睪固酮分泌，會變得「男性化」。

不過，養成運動習慣的人，不會有這樣的疑慮，可是平時不太運動的人，或者是想運動但找不到理由的人，說就容易有這樣的疑慮。

有助於減肥和雕塑體型的荷爾蒙

許多女性說「我才不要渾身都是肌肉」。

我了解各位女性讀者的想法。

可是我在前面說過：

「如果睪固酮增加，肌肉量會增加，脂肪降低，可避免血管老化，精力增加，抗氧化作用提升，行動變得更積極。這種作用無論男女性都會出現。」

是的，睪固酮對於減肥，具有明顯的效果。

訓練肌肉不需要變成健美先生。但相反地，如果人體的肌肉連最低限度都沒有，會發生問題。

人類的肌肉發育，在二十歲左右達到最高峰，隨後漸漸減少。如果沒有主動增加肌肉量，會造成脂肪囤積。

男性對於肌肉比較不會排斥，而女性由於體型受到雌激素影響，所以憧憬的理想曲線會是豐滿有弧度。但如果肌肉太少，肌力下降，日常生活會開始出現問題。

對四十歲、五十歲、六十歲的人而言，有些人會務解，以為運動增加身體的肌肉，會使全身上下都是肌肉，反而會造成身體負擔。其實這是錯的，肌肉並不會造成身體負擔。

事實上，會造成身體負擔的，其實是脂肪。

肌力降低，身體脂肪增加，首先基礎代謝率會降低。代謝率降低以後，會對血液循環造成負面影響，導致荷爾蒙平衡被破壞，進而變成容易肥胖的體質。

女性的身體，原本就有男性荷爾蒙，所以沒有必要排斥睪固酮（而男性也有女性荷爾蒙）。

年齡增加，反而要更積極活動，維持活力，因此「適度利用男性荷爾蒙」是很重要的。

許多女性想要增加雌激素的魅力，但中高齡層的女性，除了要注意雌激素減少的問題，也不能不注意睪固酮。

任何事都要求平衡。

體型變得瘦而精實，體態會更加勻稱。

隨著年齡增加，不想讓自己失去活力，甚至還要更有活力，想要體態更勻稱，增加肌肉是最佳選擇。

結語

無論什麼年代，幾個同學聚在一起，有的人就會看起來蒼老，有的人看起來正常，有的人卻看起來很年輕。有的人會藉由化妝、整形等方法，讓自己顯得年輕。可是也有人竟然什麼都沒做，卻看起來青春洋溢，這樣的人，他們的身體內臟也一樣年輕。

無論你是否想要永保青春，也無論你怎麼做，身體都會隨著時間向老化邁進。這是「生理性老化」，即使擁有全世界最尖端的研究成果，仍然無法避免自然的趨勢。但儘管有生理性的老化，卻可以減少其他不必要的老化，這樣的人會比同世代的人看起來更年輕有活力。

不必要的老化，就是指「病理性老化」。正如字面的意義，原因在於疾病或是錯誤的生活習慣。這兩種病理性老化的原因，現代醫學都已經有深入的了解，能積極地改善，進而防止不必要的老化。

因此，我們可以說，在某種程度上，這個時代已經能夠控制年齡增長的老化問題。

人體比想像更加精密，與生俱來存在著偉大的調節系統，代表就是荷爾蒙。隨著現代醫學的發達，關於荷爾蒙的研究有長足的進步。

與日常生活有密切關係的各種研究，日新月異，如果能利用這些研究成果，積極地融入日常實踐，便能在生活中活化偉大的荷爾蒙調節系統。

也許完全實踐本書的知識，並不容易，本書所呈現的是一種理想狀態，也依照目前的社會經過調整，因此控制荷爾蒙的平衡，並不困難。如此一來，你的人生再也不會出現不必要的老化。

本書對於如何調節荷爾蒙，有健康領域前所未見、全新的建議，也提出科學尚未了解的部分，但研究成果日益精進，希望未來能解開荷爾蒙未知的領域。

希望有機會能再度將最新的科學研究成果，快速傳達給各位讀者。目前我希望各位讀者能夠做到，盡量實踐本書的建議，幫助你維持健康青春。如果本書能幫助各位讀者，引導身體發揮本能，過著健康的生活，將是我最大的喜悅。

最後衷心感謝ＰＨＰ研究所姥康宏先生、瀨知洋司先生，對於本書執筆的莫大貢獻。

波士頓・哈佛大學醫學部教授室・根來秀行

Dedicated to Hisao Chiwako, Yoshie, Akiko, Machiko, Nicolas, Timothée Negoro, Alexandre Musnier.

國家圖書館出版品預行編目資料

哈佛醫師的荷爾蒙抗老法則 : 搞懂內分泌,掌握時間醫學! / 根來秀行作 ; 卡大譯. -- 二版. -- 新北市 : 世茂, 2020.11
面 ; 公分. --（生活健康 ; B484）
ISBN 978-986-5408-31-2（平裝）

1.激素 2.激素療法 3.健康法

399.54 109012078

生活健康 B484

哈佛醫師的荷爾蒙抗老法則——搞懂內分泌，掌握時間醫學！【新裝版】

作　　者／根來秀行
譯　　者／卡大
主　　編／楊鈺儀
封面設計／ LEE
出 版 者／世茂出版有限公司
地　　址／（231）新北市新店區民生路 19 號 5 樓
電　　話／（02）2218-3277
傳　　真／（02）2218-3239（訂書專線）
劃撥帳號／ 19911841
戶　　名／世茂出版有限公司　單次郵購總金額未滿 500 元（含），請加 80 元掛號費
世茂網站／ www.coolbooks.com.tw
排版製版／辰皓國際出版製作有限公司
印　　刷／世和彩色印刷股份有限公司
二版一刷／ 2020 年 11 月
二版三刷／ 2023 年 8 月
I S B N ／ 978-986-5408-31-2
定　　價／ 300 元